U0282976

湖北省学术著作出版专项资金资助项目
新材料科学与技术丛书

稀土配合物掺杂凝胶玻璃的制备及其结构与性能的研究

肖 静 著

武汉理工大学出版社

·武 汉·

图书在版编目(CIP)数据

稀土配合物掺杂凝胶玻璃的制备及其结构与性能的研究/肖静著. —武汉:武汉理工大学出版社,2017.9

ISBN　978-7-5629-5572-6

Ⅰ.①稀…　Ⅱ.①肖…　Ⅲ.①稀土族-研究　Ⅳ.①O614.33

中国版本图书馆 CIP 数据核字(2017)第 170377 号

项目负责人:陈军东　　　　　　　　　　　责任编辑:刘　凯
责任校对:张明华　　　　　　　　　　　　封面设计:匠心文化
出版发行:武汉理工大学出版社
邮　　编:430070
网　　址:http://www.wutp.com.cn
经　　销:各地新华书店
印　　刷:荆州市鸿盛印务有限公司
开　　本:710mm×1000mm　1/16
印　　张:7.5
字　　数:111 千字
版　　次:2017 年 9 月第 1 版
印　　次:2017 年 9 月第 1 次印刷
定　　价:50.00 元

前　　言

　　稀土有机配合物具有良好的荧光性能,这是由于稀土元素具有特殊的电子结构以及有机配体强的光吸收特性,有机配体吸收的能量可以转移给稀土离子,增强稀土离子的光发射,但稀土有机配合物的热稳定性、光化学稳定性和重复性差等缺点限制了其实际应用。利用溶胶-凝胶技术将稀土有机配合物引入到具有较好机械性能及较高化学稳定性的 SiO_2 基质中,可使有机活性组分性能得到充分发挥,制备出兼具有机、无机材料性能的复合材料。但是许多稀土有机配合物或难溶于溶胶-凝胶先驱液,或产生化学分解,难以掺入凝胶玻璃。而采用原位合成工艺,可实现稀土有机配合物在凝胶玻璃中的均匀掺入。

　　本书选取了两种荧光性能较强的稀土元素铕和铽。在溶胶-凝胶工艺基础上,采用原位合成方法,制备了一系列稀土有机配合物掺杂的凝胶玻璃。应用 TG-DSC、红外光谱、XRD、荧光光谱、SEM 等分析手段,系统研究了不同的配位体、不同的协同体对凝胶玻璃荧光性能及热稳定性能的影响;研究了无机基质组分、各种有机改性剂及热处理温度对凝胶玻璃结构及性能的影响。本书还合成了相应的几种稀土三元配合物,并对它们进行了一系列分析测试,以便于与凝胶玻璃中原位合成的稀土配合物的相关性能进行对比与研究。

　　结果表明,在 SiO_2 凝胶玻璃中,与 Eu^{3+} 的 $^5D_0$ 能级较匹配并使其荧光性能增强的有机配体为噻吩甲酰三氟丙酮(TTA)和苯甲酰三氟丙酮(BTA),苯甲酸(HBA)也对荧光性能增强有一定的作用;与 Tb^{3+} 的 $^5D_4$ 能级较匹配并使其荧光性能增强的有机配体为 HBA、BTA 和乙酰丙酮(acac)。1,10-菲咯啉(phen)能使两种稀土离子的荧光性能都大幅增强,是一种较有效的增强配合物荧光性能的协同体。

　　在凝胶玻璃基质中掺入适量的 Al_2O_3 后,凝胶玻璃的荧光性能得到一定程度增强。对于掺 $Eu(HBA)_3phen$ 体系,当 Al_2O_3 相对于 SiO_2 的物质的量比为 4% 时,能获得最强的荧光性能。而当凝胶玻璃基质中掺入 B_2O_3 时,凝胶玻璃的荧光反而减弱。

基质中有机改性剂的引入能使凝胶玻璃结构致密,但同时凝胶玻璃的耐热性降低。对于甲基三甲氧基硅烷(MTMS)和乙烯基三乙氧基硅烷(VTES),由于引入了憎水的有机基团,凝胶玻璃的荧光性能有一定程度的增强,但其引入量不能超过 50%,否则凝胶玻璃易失透。而 γ-缩水甘油氧基三甲氧基硅烷(GPTMS)能使凝胶玻璃的弹性和韧性大幅增强,但由于 GPTMS 复杂的有机基团的双重作用,对于不同的稀土配合物掺杂体系,它对荧光性能的作用却不同:使荧光最强的 $Eu(TTA)_3phen$ 掺杂凝胶玻璃体系的荧光大幅增强,但对荧光较弱的 $Eu(HBA)_3phen$ 掺杂凝胶玻璃体系的荧光起猝灭作用,而对于其他几种荧光强度居中的稀土配合物掺杂凝胶玻璃体系,合适含量的 GPTMS($40\%\sim60\%$)会使体系荧光增强。

通过综合比较不同稀土配合物掺杂凝胶玻璃体系的荧光性能和热稳定性能,获得各种性能都较好的配方:对于含铕离子体系,其配方为 $50\%GPTMS-50\%TEOS(Eu-TTA-phen)$,其中 Eu 离子的名义浓度为 0.035%;而对于含铽离子体系,其配方为 $50\%GPTMS-50\%TEOS(Tb-HBA-phen)$,其中 Tb 离子的名义浓度为 0.35%。

以上经优化的有机改性配方的样品中若不再掺入 Al_2O_3,样品在室温时可产生很强的荧光,但随着热处理温度的升高,其荧光急剧减弱,说明其热稳定性较差。当样品中掺入适量的 Al_2O_3 后,样品在室温时的荧光均不强,但随着热处理温度的升高,样品的荧光性能逐渐增强,并且在相同的温度下具有比未掺 Al_2O_3 样品强的荧光性能。Al^{3+} 对稀土离子发射峰的位置没有明显的影响,但它能使稀土离子及原位合成的配合物在较高温度保持相对稳定,提高了凝胶玻璃的热稳定性和荧光强度。对于含铕体系,适宜的 Al_2O_3 的含量为 0.5%;对于含铽体系,适宜的 Al_2O_3 的含量为 2%。

在制备和使用含稀土离子的凝胶玻璃时,要根据实际需要选用适宜的配方。若只要求样品在常温下具有较好的柔韧性及荧光性能,则基质材料选取 $50\%GPTMS-50\%SiO_2$ 凝胶玻璃为宜;若需样品在较高温度具有较好的荧光性能,则需在基质中掺入适量的 Al_2O_3。

　　通过上述各种因素对凝胶玻璃性能的影响规律的研究,可望制得具有较好柔韧性、热稳定性和荧光性能的凝胶玻璃,为稀土配合物掺杂凝胶玻璃的实用化提供一定的依据。

肖　静

2017 年 5 月

目　　录

1 绪 论

1.1 稀土离子的光谱理论及稀土发光材料的研究进展

1.1.1 稀土离子的电子结构

稀土元素具有特殊的电子层结构,它们具有未充满的 4f 壳层和 4f 电子被外层的 $5s^2 5p^6$ 电子屏蔽的特性[1]。一些稀土离子基于 f-f 电子层的跃迁具有尖锐的发射峰,可以将吸收到的能量以光的形式发出,使稀土离子具有极其复杂的类线性的光谱。

对于电荷为 $+ze$ 的原子核和 n 个电子组成的体系,在考虑电子之间的库仑斥力后,体系状态要发生变化,能量发生分裂,其表达式为:

$$E = E^0 + \Delta E_i^{(1)} \tag{1.1}$$

其中 E^0 为未微扰简并态的能量,$\Delta E_i^{(1)}$ 是微扰后的能量修正值,它取决于该状态的总轨道角动量量子数 L 和电子总自旋角动量量子数 S,用光谱项 ^{2S+1}L 来标记,L 的数值用 S、P 等大写字母来表示,对应关系如下:

$$
\begin{array}{ccccccccc}
L & 0 & 1 & 2 & 3 & 4 & 5 & 6 & 7 & 8 \\
\text{Symbol} & S & P & D & F & G & H & I & K & L
\end{array}
$$

$2S+1$ 为光谱项的多重性,它放在 L 的左上角,当 $L \geq S$ 时,它表示一个光谱项包含的光谱支项的数目;当 $L < S$ 时,一个光谱项则有 $2L+1$ 个光谱支项。给定组态的情况下,上述未微扰简并态的能量 E^0 是相同的,微扰以后的能量修正值 $\Delta E_i^{(1)}$ 有不同值,即有不同的光谱项,同一光谱项的状态仍保持简并。

当电子的自旋-轨道耦合作用进一步对体系微扰时,以光谱项标志的能量产生变化,可以将简并态进一步分裂为 $2S+1$ 或 $2L+1$ 个不同能位,体系的能量表达式为：

$$E = E^0 + \Delta E_i^{(1)} + \Delta E_i^{(2)} \tag{1.2}$$

$\Delta E_i^{(2)}$ 为电子的自旋-轨道耦合作用微扰后的能量修正值，它是光谱支项标志。光谱支项表示为 $^{2S+1}L_J$，右下角的 J 为总角动量量子数。

同一谱项的各支谱项仍保持简并，能级的简并度与 $4f^n$ 轨道中的电子数 n 的奇偶性有关。当 n 为偶数时（即 J 为正整数），每个态是 $2J+1$ 度简并，在晶场的作用下，取决于晶场的对称性，可劈裂为 $2J+1$ 个能级，即所谓的 Stark 劈裂。当 n 为奇数时，每个态是 $\dfrac{2J+1}{2}$ 度二重简并，在外磁场的作用下，可劈裂为 $\dfrac{2J+1}{2}$ 个二重能级，称为 Kremers 劈裂[2]。

1.1.2　稀土离子的电子跃迁

大部分三价镧系离子的吸收光谱和发射光谱主要发生在内层的 4f 电子之间的跃迁，f-f 跃迁主要有电偶极、磁偶极，甚至电多极辐射[3]。f 组态的轨道量子数 $l=3$，f-f 跃迁不涉及宇称的改变，即 $\Delta l = 0$，按照电偶极跃迁的选择规则：$\Delta l = \pm 1$，$\Delta S = 0$，$|\Delta L|$ 和 $|\Delta J| \leqslant 21$，f-f 跃迁是宇称禁戒的，但实际上可观察到这些跃迁所产生的光谱。由于晶场势能的展开式中奇宇称项或晶格振动使相反宇称的 $4f^{n-1}5d$ 和 $4f^{n-1}n'g$ 组态混入 $4f^n$ 组态中，宇称选择规则就可能部分被解除，电偶极跃迁成为可能，这种跃迁称为诱导电偶极跃迁或强迫电偶极跃迁。它的跃迁强度比宇称规则允许的 f-d 电偶极跃迁弱，但比 f^n 组态内的磁偶极跃迁强 1~2 个数量级。按照磁偶极跃迁的选择规则，f-f 之间的磁偶极跃迁是宇称允许的，但只有基态光谱项的 J 能级之间的跃迁才不是禁戒的。实际上，由于镧系离子中存在较强的自旋-轨道耦合，按 L 和 S 的选择规则不再是很严格的，因而可观察到其他能级之间的磁偶极跃迁。

稀土离子除 f-f 跃迁外，还存在 f-d 跃迁和电子从配体填满的分子轨道迁移至稀土离子内部的部分填充的 4f 壳层而产生的宽带电荷迁移带。

1.1.3　稀土的荧光材料及其应用

稀土化合物作为一类有希望的荧光材料，已获得实际应用。在荧光材料中,稀土离子既可作为基质的组成部分,亦可作为激活离子。Y^{3+}、La^{3+}、Lu^{3+} 的化合物可作为荧光材料中的基质,因为它们在可见光区和紫外光区无吸收;Eu^{3+}、Tb^{3+} 等离子由于具有较强的荧光性能,可作为激活离子。稀土元素已是荧光材料的重要组成部分。

稀土离子的荧光材料已用于彩色电视显像管、荧光灯、X-光增感屏等器件中,它们的组成和实际用途归集成表 1-1。

表 1-1 稀土荧光材料

荧光材料的组成	激发光源	发光颜色	用途
$YVO_4\text{-}Eu^{3+}$	紫外线	红	高压水银灯
$Y_2O_3\text{-}Eu^{3+}$	电子射线	红	彩色电视显像管
$Y_2O_2S\text{-}Eu^{3+}$	电子射线	红	彩色电视显像管
$Sr_2P_2O_7\text{-}Eu^{3+}$	紫外线		照相复制用灯
$Y_3Al_5O_{12}\text{-}Ce^{3+}$	电子射线		彩色电视信号的飞点扫描器
$LaF_3\text{-}Yb_2Er^{3+}$	红外线	绿	固体指示装置(上转换材料)
$Ca_2P_2O_7\text{-}Dy^{3+}$	电子射线	白	雷达显像管
$BaFCl\text{-}Eu^{3+}$	X-射线		X-光增感屏
$Gd_2O_2S\text{-}Tb^{3+}$	X-射线		X-光增感屏

1.2 稀土有机配合物的光谱理论及其发光特性

1.2.1 稀土有机配合物的发光机制

由于受到宇称禁戒的束缚,稀土离子在紫外-可见光区的吸光系数很小,稀土离子直接被激发而发光的量子效率很低。若稀土有机配合物的有机部分先吸收紫外光后,再通过分子内传能的方式,将能量传给稀土离子的发射能级,将可以极大地提高稀土离子的发光效率[4-10]。图 1-1 为这一过程的示意图。

配合物荧光的能量跃迁过程,一般可分三步来说明[3]:

① 先由配体吸收辐射能,从单重的基态 S_0 跃迁至激发态 S_1,其激发能可以辐射方式回到基态 S_0(配体荧光),也可以非辐射方式传递给三重态的激发态 T_1 或 T_2。

② 三重态的激发能也可以辐射方式失去能量,回到基态(磷光),或以非辐射方式将能量转移给阳离子,图 1-1 中为稀土离子。

③ 处于激发态的阳离子(稀土离子)的能量跃迁也有两种方式,以非辐射方式或辐射方式跃迁到较低能态,再至基态。当以辐射方式从高能态跃迁到较低能态时,就产生荧光。当一些稀土离子的激发态与配体的三重态相当或在三重态以下时,就可能由配体的三重态将能量转移给稀土离子,稀土离子从基态跃迁到激发态,然后处在激发态的离子,以辐射方式跃迁到低能态而发出荧光。

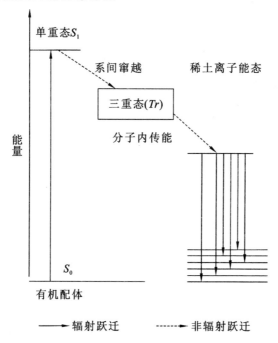

图 1-1　从配体激发态失去能量过程的示意能级图[3]

根据上述配合物产生荧光的原理,稀土离子(Ⅲ)的荧光性能可分为三类:

(1) Sc^{3+}、Y^{3+}、La^{3+}、Lu^{3+} 四种元素没有 4f-4f 跃迁,所以它们没有荧光。对于 Gd^{3+}($^4f_7$),它的最低激发态的能量较高(约 32000 cm^{-1}),一般

在所研究的配体的三重态能量以上，不易产生荧光。但在能吸收较高能量的晶格中能观察到 Gd^{3+} 的荧光，这往往是由 Gd^{3+} 的 ^6P 多重态跃迁到其他稀土离子或基质的基团引起的。

（2）Sm^{3+}、Eu^{3+}、Tb^{3+} 和 Dy^{3+} 这四个离子的配合物能产生强荧光，它们的激发态往往与配体的三重态相当，能量转移效率较高。

（3）Pr^{3+}、Nd^{3+}、Ho^{3+}、Er^{3+}、Tm^{3+} 和 Yb^{3+} 产生弱荧光，这些离子谱项间能量差较小，非辐射可能性提高，致使荧光减弱。

1.2.2　影响稀土配合物发光的因素

在镧系高效发光配合物中，配体要有效地把激发态能量传递给中心离子，因此对配体的要求包括：（1）配体吸光强度高；（2）配体—金属间能量传递的效率高；（3）发射态具有适当的能量且寿命适中。

杨燕生等人[11]指出配合物的平面结构有利于能量传递，作为第二配体的邻菲咯啉会使 Eu^{3+} 配合物荧光增强，而使 Tb^{3+} 荧光减弱。他们认为：探明配合物分子中能量传递机制，不仅是研究中不可忽视的步骤，而且有利于新配体、新发光体系的设计发展。因此，着重研究了配合物体系的光物理过程，归纳出以下结论：（1）配体最低三重态能级与稀土离子激发态能级的匹配程度是决定中心稀土离子能否发光的主要因素；（2）配合物结构的平面性和刚性是影响中心离子发光效率高低的重要因素；（3）适宜的第二配体的加入一般导致配合物分子刚性和稳定性增强，因而有利于能量的传递，致使中心离子发光效率增高，但也不能忽视第二配体加入所引起光能的吸收和能量传递过程的竞争；（4）配体的耐热、耐辐射性是决定配合物能否作为材料的必要因素。

人们在几十年的研究及实践中应用最广泛的有以下几种配体[12]。

（1）β-二酮类

三价稀土 β-二酮配合物发光早在 20 世纪 60 年代就有研究，由于这类配合物中存在着从具有高吸收系数的 β-二酮到 Eu^{3+}、Tb^{3+} 等离子的高效能量传递，从而有极高的发光效率。它们与镧系离子形成稳定的六元环，直接吸收激发光并有效地传递能量。β-二酮与稀土离子配合物的通式为：

其中取代基的特性对中心离子的发光有极重要的影响。R_1 基团为强电子给予体时发光效率明显提高,并有噻吩＞萘＞苯的影响次序。R_2 基团为—CF_3 时敏化效果最强,原因在于 F 的电负性高,可导致金属—氧键成为离子键。因此一些含—CF_3 基团的脂肪烃类 β-二酮也可与稀土离子螯合并发光。几种常用的 β-二酮的名称和结构式列于表 1-2 中。

表 1-2　β-二酮的名称与结构

β-二酮名称 $R_1-\overset{O}{\overset{\|}{C}}-CH_2-\overset{O}{\overset{\|}{C}}-R_2$	对应结构	
	R_1	R_2
噻吩甲酰三氟丙酮(TTA)	(噻吩环)	CF_3
苯甲酰三氟丙酮(BTA)	(苯环)	CF_3
二苯甲酰甲烷(DBM)	(苯环)	(苯环)
乙酰丙酮(acac)	CH_3	CH_3

只含 β-二酮的配合物在合成时很容易被溶剂水所猝灭,因为 3 个 β-二酮分子占据了中心离子 9 个配位中心的 6 个。为此人们引入了适当极性的非水协同剂以取代水的位置,充填剩余的空位,这种协同配位剂应具备如下三个条件:①要满足接受离子的配位数,排斥溶剂进入配位界内,形成新的三元配合物。②要一端为能与金属离子配位的合适原子,另一端为远离金属离子的饱和烃链,形成荧光中心的"绝缘套"。③不应是能量接受体,不会破坏二元配合物的荧光。

通常所用的协同剂有邻菲啰啉(phen)及其衍生物,如 4,7-(或 5,6-)二甲基-1,10-邻菲啰啉、2,9-二甲基-4,7-二苯基-1,10-邻菲啰啉等。另一种为吡啶类衍生物,如 2,2'-联吡啶(bpy)、2,4,6-三甲基吡啶等,以及吡啶类含氧衍生物。

(2)羧酸类

稀土离子能与生物体内的羧酸及氨基酸分子形成稳定的配合物,这类配合物也具有发光时间长、强度高且稳定的特性。羧酸类的配体一般为芳香羧酸,如邻苯二甲酸等。

(3)超分子大环类

超分子是指配合物的配体之间通过静电、氢键、分子间力等作用形成了特殊的配体环境,构成一种特殊的大分子结构。穴状镧系超分子配体是这类研究的前沿,大环向多环发展产生穴状配体,即把与金属离子配位的三个或多个配体用适当的方式连接起来,使这些配体围绕中心离子形成大小适中的笼子,这样既可阻止金属离子逃逸出去,配体也会有离解或被置换,从而大大增强了配合物的稳定性。这种结构称为"笼状结构"。

1.2.3 稀土有机配合物的分类和应用

稀土有机配合物发光是无机发光与有机发光、生物发光研究的交叉领域,有着重要的理论研究意义及应用研究价值。它已越来越广泛地应用于工业、农业、医药学及其他高技术产业,而这些应用研究又促进了有机化学及生命科学的研究。

自 20 世纪 40 年代初 Weissman[13] 发现用近紫外光可以激发某些具有共轭体系的有机配体稀土络合物而发出强荧光以来,稀土荧光络合物的研究一直是一个极其活跃的研究领域,研究的重点多集中在发光机理、测试条件和方法、表面活性剂及敏化试剂、不同配体及共存离子的敏化和猝灭作用的研究。

稀土有机配合物是众多金属有机配合物中重要的一大类。配合物是指由配位键结合的化合物。稀土有机配合物发光体中的金属称为中心金属离子,类似于无机发光体中的激活剂离子。有机部分称为配体(或配位体)。与发光有关的稀土有机配合物有以下划分方法:

(1)从有机配体种类上划分,有二元及多元配合物;

（2）从中心稀土离子数目上划分,有单核、双核及多核配合物;

（3）从配位体原子数目上划分,有单齿、双齿及多齿配合物。

近年来作为发光材料,稀土有机配合物显示了极其广阔的应用前景[14-20]:

（1）利用协同离子增强稀土配合物荧光强度的原理,对地矿进行痕量分析;

（2）将稀土有机配合物分散到高分子薄膜中以制备荧光转换发光功能农用高分子材料,并应用于发光涂料、透明塑料显示材料及商标防伪等;

（3）以稀土离子作为荧光探针测定有机物和生物大分子的结构信息;

（4）复杂稀土有机配合物的晶体结构研究;

（5）利用稀土有机配合物的荧光强度随温度升高而降低的特性制成温度探针器件;

（6）制备成波导材料及器件等。

1.3　有机/无机复合光功能材料的研究进展

近年来,随着信息科学与技术的迅速发展,从微电子发展到光电子,又发展到光子,光子技术的兴起将引起新的产业革命并可能超过电子技术产业。当前,光子技术已经在信息领域得到广泛的应用,信息的探测、传输、存储、显示、运算和处理已由光子和电子共同参与来完成。从电子学到光子学是跨世纪的发展,21世纪可能是光子信息时代。另外,新材料往往是新技术的基础和先导。复合化、智能化、低维化是现代材料科学发展的趋势。通过功能的复合和优化,可以研发出更优质的光功能材料与器件,满足信息与技术科学发展所提出的向高效、低功耗、多功能、高集成、可靠及廉价器件发展的需要。尤其是无机基有机复合光功能材料,在固态可调谐染料激光器、平板显示、非线性光学、光化学烧孔、光致变色等方面都显示了光明的应用前景,是国际材料科学和信息科学研究的一个正在发展的崭新领域,但从总体上说,该领域的研究尚处于起步阶段。

1.3.1　有机/无机复合机理

光功能材料早期的研究集中在无机晶体。无机晶体具有良好的透明性、热稳定性和化学稳定性,但非线性光学系数和光损伤阈值较低,特别是在无机材料中能够产生大的倍频效应的优质晶体已经找得差不多了。掺半导体微晶玻璃因具有高的非线性极化率、极快的响应速度和优良的双稳态性能而受到人们的重视,但采用传统的固相反应法难以准确控制玻璃组分和半导体微晶组分,材料的性能也有待提高,微观机理方面也存在许多尚待解决的问题。有机分子种类繁多,分子特性强,高分子材料更具有优良的力学性能和加工性能,可以进行分子结构设计,并且由于非共振非线性系数大、超快响应、光损伤阈值高、频宽较宽、吸收少等特点而成为研究的热门,这些都是无机材料所无法比拟的。但有机物也具有熔点低、机械性能和热稳定性以及抗潮解性能和透明性都比较差等缺点,阻碍了它的应用。氧化物玻璃具有良好的光、热、力学性能,有机/无机复合就是把有机物强的光学响应和无机玻璃好的光学、机械性能结合起来,制备具有高效、高强且稳定耐久等综合性能的复合光功能材料,这种材料由于综合了两者的优点而成为目前光功能材料研制工作中的必然趋势,具有很广阔的前景[20-25]。

有机/无机复合形式可以分为以下三种(图 1-2):

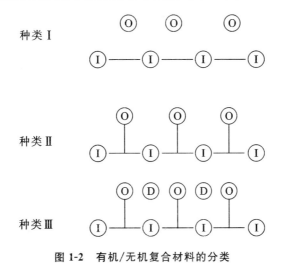

图 1-2　有机/无机复合材料的分类
O—有机物;I—无机物;D—掺杂

(1) 有机分子和低聚合的有机高分子简单地镶嵌在无机基质中,有机相和无机相只通过范德华力和氢键这些弱的作用力相互结合,是一种物理共混过程。

（2）有机相和无机相通过较强的共价键或离子共价键相结合，有机相直接化学接枝到无机网络上，是一种化学复合过程。

（3）前两者的结合，即掺入的有机分子第三相镶嵌在有机相化学接枝的无机网络基质中，兼有物理共混和化学复合过程。

1.3.2　溶胶-凝胶工艺

许多有机光功能材料具有发光功能，并以其响应速度快、发光效率高等特点引起了各国科技工作者的广泛关注。但单一有机材料存在稳定性和重复性差、工作温度低、寿命短等缺点，大大限制了其使用范围。近年来，人们利用溶胶-凝胶技术将有机功能分子或聚合物掺入到具有较强的机械强度及较高化学稳定性的无机基质中，使有机活性组分的性能得到充分的发挥，制备出兼有有机和无机材料性能的复合功能材料[26-28]。

溶胶-凝胶法是目前研究最多、应用最广、低温制备玻璃的方法，它是一种在室温附近的湿化学制备方法。在光功能材料方面，凝胶及凝胶玻璃作为非线性光学材料的基质，为各种掺杂体，如半导体微晶粒子、染料分子、稀土离子、C_{60} 等提供了很好的掺杂环境；另外，用溶胶-凝胶法可以在各种基板上镀膜，也拓宽了光学薄膜制备的途径。溶胶-凝胶法还有以下优势：（1）操作温度远低于传统的玻璃熔融温度。（2）便于准确控制掺杂量。（3）能避免实验中杂质的引入，保持样品的纯度。（4）由于先驱体在低温下混合，反应能够在分子水平上达到高度的均匀性[29]。

选择合适的固体基质成为实现上述目标的关键。基质材料必须具有良好的各向同性，具有较高的热导率、透过率和激光损伤阈值，有良好的机械性能、较低的制备温度和良好的光学表面[30]。另外，固体基质的选择影响染料的发光特征，如引起吸收光谱和发射光谱的谱移，影响荧光寿命等。早期的研究方向主要集中在以高分子材料作为激光染料的基质材料，这类高分子材料包括 PMMA、PC、PS、PVA 等。但是这些基质本身在力学和热学性能、光化学稳定性和光学性能方面存在不足，实际上不足以作为激光染料的基质。

无机材料具有优良的光、热、化学和力学性能，应该是有机活性物质的良好基质，但是两者之间存在的温度匹配问题却很难解决。20 世纪 80年代以来，溶胶-凝胶湿化学在无机材料制备领域得到了广泛关注和竞相研究,这一低温制备工艺为有机光活性物质引入无机基质提供了可能。从实用化的角度来说,无机玻璃比较适合于作为染料的基质。目前,常用的固体基质主要有低熔点玻璃和溶胶-凝胶法制备的玻璃等,其中溶胶-凝胶技术显示出了较好的优越性。用溶胶-凝胶技术制备复合光功能材料并对这些材料进行研究,将有助于发现新的光物理和光化学现象及新效应,并为研究建立一种有机无机复合发光材料的新的制备技术,开发一类新的复合发光材料品种提供可靠理论依据和可能,从而推动复合发光材料应用开发研究的深入。

无机凝胶玻璃是一类多孔型材料,除了缺乏优良的机械加工性能外,这类材料还存在以下两种缺点:(1)微孔会大量捕获热量,在激光增益过程中使得介质迅速变热,劣化激光活性物质的工作环境;(2)微孔会产生严重的光散射,大大增加了光损耗。因此这种材料难以直接作为有机光活性物质的基质材料。研究表明,有机改性的凝胶玻璃(ORMOSIL)可以有效地克服上述缺点。但是大量的有机改性剂的引入,会使凝胶玻璃中残留大量的有机基团及羟基,从而对复合材料的光学性能产生很大的负面影响,这类材料目前并不足以实用化,而凝胶玻璃化可能是解决该问题的一种思路。

SiO_2系统具有良好的光学性能和玻璃化性质,而且由于 TEOS 的水解比较容易控制,因而成为研究的重点。但 SiO_2 凝胶玻璃的玻璃化温度较高,难以与有机光活性物质达到温度匹配,限制了它作为有机发光物质基质的使用,而且单一的基质组分也不利于发光性能的优化。因而必须引入第二(或第三)组分,以降低玻璃化温度和优化发光性能,制备出具有良好发光性能的低熔点玻璃基质。因此需要对复合材料进行设计[31]。

设计有机/无机复合材料需要考虑以下几点:(1)要明确所需材料的性能要求。(2)根据该需求选择适合的无机和有机的原材料,需要考虑这些无机物和有机物的性质及其相容性,要满足分子或晶体结构设计的两条基本原则:参与设计的原子或离子必须满足它们的成键原则,包括键型、成键能力、键长和键角限制;必须满足空间效应,作为晶体结构设计的空间效应,还应包括参与的原子、离子、分子或基团可以在三维空间中按周期延伸。这两条基本原则最终归结到所设计的对象能量最低。(3)选择适当的方法将新型复合材料制备出来。(4)测试其性能,并进行多次改进,以获得高性能的有机/无机复合材料。

溶胶-凝胶过程的类型很多,其中主要的也是应用最广泛的,则属无机聚合物型溶胶-凝胶过程。这是一个无机盐或金属醇盐的水或有机溶液(先驱液)加入水和催化剂后,经过水解或醇解反应形成溶胶,再经蒸发干燥过程转变为凝胶,凝胶经适当的后处理获得制品的过程。运用溶胶-凝胶法制备无机玻璃需经过两个主要阶段。第一阶段是溶胶到凝胶的转变,制得均匀透明的多孔凝胶。这一阶段涉及先驱液的制备及其水解缩聚等过程,主要控制的工艺参数是 pH 值、加水量、温度等。第二阶段是凝胶到玻璃的转变,获得无裂纹的玻璃块材。该阶段的关键工艺是要防止凝胶在热处理过程中开裂和起泡剥离。凝胶在热处理时将经历一系列复杂的过程,如物理吸附水和醇的解析、残余有机物的氧化、进一步缩聚反应所产生的水和醇的排出、体积松弛和网络的规整、孔的破裂等。

1.3.3　溶胶-凝胶法制备有机/无机复合光功能材料的应用及展望

光功能材料具有化学信息、光信息转换,产生检测信号等功能。有机/无机复合材料的纳米相尺寸,保证了材料的光学透明性;溶胶-凝胶技术使材料的力学性能得到改善,表面粗糙度可抛光至 1 nm 以下;引入一系列有机染料可使其发挥不同的光学性质,如荧光、激光、光致变色、非线性光学等。因此,有机/无机复合材料的研究正成为光功能材料研究领域中的重要分支。

对于稀土发光复合材料,应设法降低基体中的羟基含量或对稀土离子进行保护(复合或包封)。甲基能赋予基体亲油性,对稀土离子光发射有利,但碳氢基团对稀土离子的某些能级跃迁有猝灭作用。选用有机氟硅材料是合成无 O—H、无 C—H 基团复合材料的途径之一。到目前为止,关于稀土离子的掺杂复合材料研究的报道为数不多,但这些报道均表明,室温制备法制备的复合材料极具竞争力。稀土离子光发射的高效率,有机染料与稀土离子间能量的有效传递,将为光学材料的发展开辟新的途径。

Sol-gel 法是制备有机/无机复合材料的重要方法,具有巨大的潜力,十几年来有较大的发展[28],但离实用还有一段距离,今后应从降低成本与开发新性能材料入手,加强以下几个方面研究:(1)对 Sol-gel 过程的研究,以指导复合材料的合成,缩短 Sol-gel 过程的操作周期,降低成本。
(2)对过渡金属 Sol-gel 化学的研究。过渡金属种类较多,结构多样,且多
具有功能性,对其进行研究,特别是有机配体与过渡元素的相互作用,对
制备功能材料尤为重要。(3)分析方法研究,分析结构与性能的关系,指
导合成纳米材料。(4)利用分子设计合成具有有序结构和各向异性的复
合材料。(5)开发各种功能性复合材料,如功能涂层、光学薄膜、分离膜、
催化膜及生物功能材料。

1.4 国内外研究现状分析

1.4.1 SiO$_2$凝胶玻璃荧光性能的研究现状

1.4.1.1 稀土三元配合物的合成及其荧光性能

各种类型的稀土三元配合物的合成一直是近年来的研究热点。例如:
何韫和朱文祥[32]合成了具有摩擦发光及荧光性能的 Eu^{3+} 与苯甲酰三氟丙
酮(BTA)、三苯基氧化膦(TPPO)的三元配合物,其化学式为 Eu(TPPO)$_2$-
(BTA)$_2$(NO$_3$)。用同样方法合成的 Sm^{3+} 和 Tb^{3+} 的相同组成三元配合物
仅有荧光性质。刘妍[4]等合成了 Eu(TFA)$_3$(TPPO)$_2$、Tb(TFA)$_3$-
(TPPO)$_2$三元配合物以及 Eu$_{1/2}$Tb$_{1/2}$(TFA)$_3$(TPPO)$_2$三元双核配合物。
在紫外线照射下,配合物分别发出明亮的红光、绿光和近白光。他们还首
次发现该体系的摩擦发光现象,其中 Eu^{3+} 和 Tb^{3+} 的双核配合物经摩擦发
出明亮的白光。杨红[33]综述了近年来稀土邻菲咯啉三元配合物以及稀土
掺杂配合物在光致发光方面的研究进展,合成了六种稀土 α-萘甲酸邻菲
咯啉三元配合物及四类掺杂配合物,主要研究了合成配合物的荧光性质,
并讨论了配合物的结构以及配体、掺杂离子对中心离子荧光性能的影响。

1.4.1.2 有机染料掺杂玻璃

运用溶胶-凝胶法可以将有机染料掺杂于无机基质中,这方面的研究
自 1984 年 Avnir[34]等首次将有机染料 Rh6G 掺杂于无机 SiO$_2$基质以来,

始终处于活跃状态,各种荧光染料、激光染料、NLO 染料及光致变色染料等相继被引入无机基质或 ormosil 中。钱国栋[35,36]等以罗丹明、苯甲酸等多种有机染料为对象,发现有机光学活性物质在 SiO_2 凝胶玻璃中处于细颈广体状孔或化学惰性封闭孔内,由于孔的保护作用(笼效应),其热稳定性提高了 $100\sim300$ ℃。复合凝胶经 100 ℃处理后,由于吸附水的大量逸出,限制并减少了染料分子及其与环境之间的相互作用,降低了非辐射跃迁概率,染料的荧光效率成倍提高。同时,还发现罗丹明 6G 在 TEOS-GPTMS 系统凝胶玻璃复合激光介质中,有机改性剂有改善凝胶玻璃光学透过性能与强化染料分子无辐射弛豫的双重作用。在受激辐射过程中,染料的褪色主要呈热褪色,提高固态激光介质的热稳定性能对输出激光的稳定性与寿命更为重要[37]。另外,香豆素 C120[38,39]、芘(pyrene)[40]、荧光素、吖啶红[30]等有机荧光物质已被成功掺入凝胶玻璃中,并具有较好的荧光性能。

1.4.1.3　稀土离子掺杂玻璃

将稀土离子掺入到无机玻璃中,最早使用的是传统的高温熔制法,但此法因存在熔制温度高及稀土离子掺入量少等缺点而很难实现。近年来,溶胶-凝胶法为低温制备稀土离子掺杂玻璃提供了可能。Eu^{3+}、Tb^{3+}、Er^{3+}、Pr^{3+}、Sm^{3+}等离子[41-54]都被成功引入玻璃中,并具有良好的荧光性质。同时还发现,由于 Eu^{3+}光谱中$^5D_0\sim{}^7F_2$跃迁服从电四极跃迁的选择原则,属于超灵敏跃迁,其跃迁的谱线强度随着环境的不同可产生较大幅度的改变,因此 Eu^{3+}可以作为化学环境探针,研究凝胶玻璃化过程中结构的演变[55];在凝胶玻璃中 Pr 和 Al 共掺[56]或铝钕共掺[57],都能改善玻璃的光学性能。

1.4.1.4　稀土有机配合物掺杂玻璃

目前国内利用溶胶-凝胶技术制备有机/无机复合功能材料大都采用预掺杂(pre-doped)或后掺杂(post-doped)来引入有机活性物质。预掺杂是将醇溶性或水溶性的有机光学活性物质先制成特定的先驱液后,直接将先驱液分散在无机基质中,利用溶胶-凝胶技术制成复合固态材料[58,59]。而后掺杂则是将有机光学活性物质溶于高聚物或单体,利用浸渍工艺使之直接浸入和充填于多孔无机基质中。这两种掺杂方式都存在本质缺陷和局限。用浸渍工艺所制备的实质上是一种复相材料,它由于存在明显的界面而其光学均匀性受到影响。预掺杂要求有机光学活性物质在醇或水中溶解或在溶胶-凝胶工艺条件下稳定,而大多数具有优良光功能特性的金属有机配合物在传统溶胶-凝胶工艺条件下产生化学分解或溶解度低,难以通过预掺杂或后掺杂实现光均匀复合。钱国栋等引入了在无机基质中原位化学合成有机光活性物质的化学复合新概念,并成功研制了稀土、过渡金属与芳香羧酸、含氮杂环、β-二酮类、酞菁等一系列用传统溶胶-凝胶技术无法制备的无机基金属有机配合物复合光功能材料[60,61]。原位合成工艺是在 SiO_2 凝胶成胶后或凝胶玻璃热处理过程中反应合成有机配合物的新工艺,基本不涉及反应物和生成物的长距离迁移。原位合成工艺克服了现有掺杂工艺所存在的光学均匀性差、制备困难等局限和缺点,实现了金属有机配合物与无机玻璃的有效复合。研究表明,这类复合材料的金属离子特征发射谱线很窄、单色性好、量子产率高、受环境影响小,以及材料的热、光化学稳定性好,因而在发光显示、光放大、非线性光学、激光等材料与器件领域有着诱人的应用前景,开拓了有机/无机复合光功能材料的一个新的研究方向。

1.4.1.5 无机基质的有机改性

运用传统的溶胶-凝胶法制备的样品易在热处理过程中脆裂,力学性能和柔韧性均很差,不能直接抛光达到所需的光学面;此外,凝胶玻璃的多孔性也导致较大的光学散射损失。为了克服这些缺点,近年来发展了有机改性硅酸盐玻璃(Organic Modified Silicate,Ormosil)[62-69]。Ormosil可以看作一种无机玻璃和有机高分子的复合,其中有机和无机组分在连续无规则的网络中达到了化学键的结合而绝非物理混杂。这些有机改性的硅酸盐表现出较低的气孔率和较高的力学性能,因而可以切割、打磨和抛光,是一种理想的固体基质[62]。

目前使用的有机改性剂先驱体分两类。一类是在无机网络形成过程中填充于微孔中,在孔隙中单体原位聚合成低分子量的聚合物,如甲基丙烯酸甲酯(Methyl Methacrylate,MMA)在引发剂和热、光催化下缩聚成PMMA。另一类有机改性剂先驱体是能参与水解-缩聚反应,并与无机网络以化学键连接。已被研究的有甲基三乙氧基硅烷(MTES)、乙烯基三乙氧基硅烷(VTES)、γ-缩水甘油氧基三甲氧基硅烷(GPTMS)等。

1.4.2　存在的问题

1.4.2.1　关于无机基质

无机基质制备过程中的各种条件对无机基质的微结构有很大的影响,从而对复合材料的性能有很大影响。用常规水解聚合反应制备的无机凝胶中存在大量的微孔,同时凝胶中存在大量的有机基团,这些对于有机染料分子的发光性能和稳定性能都有一定的影响。另外,要实现有机/无机光功能材料的实用化,凝胶的玻璃化是必不可少的步骤,单组分的无机凝胶的玻璃化温度较高,玻璃化过程中可能会导致稀土有机配合物分解。选择合适的凝胶组分,使凝胶多元化可以有效降低凝胶的玻璃化温度,这就为有效实现稀土有机配合物和无机基质之间的温度匹配提供了可能。同时凝胶玻璃的有机改性也可以优化基质的结构。但是各种有机、无机成分对于基质结构及相应复合材料的机械性能、热稳定性能和荧光性能的影响缺乏较系统和深入的研究。

1.4.2.2　关于稀土有机配合物

有机/无机复合材料的性能不仅受基质的影响,掺入其中的稀土配合物也会对性能产生很大的影响。适宜的稀土离子、有机配体及协同体的引入,会使三元稀土配合物易于在基质中原位形成,并产生较强的荧光。但是目前对于凝胶基质中稀土有机配合物的优化及其增强荧光的机理的研究不多。

1.5　研究工作的提出

1.5.1　研究目标

(1)研究不同稀土有机配合物在凝胶基质中的荧光性能及热稳定性能;

（2）研究凝胶组分多元化对有机/无机复合材料的荧光性能及其他性能的影响；

（3）研究有机改性剂对有机/无机复合材料的荧光性能、柔韧性和热稳定性能的影响；

（4）综合分析各种影响因素，对凝胶基质及掺入的稀土有机配合物进行优化，制备出具有较强荧光性能、柔韧性及热稳定性能的有机/无机复合材料，为开发出符合实际应用需要的复合光功能材料提供一定的依据。

1.5.2 研究内容

（1）采用溶胶-凝胶法和原位合成工艺，在正硅酸乙酯形成的溶胶中分别掺入荧光较强的 Eu^{3+} 或 Tb^{3+}、配位体有机物及作为协同体的有机物，在相同的制备工艺下制成凝胶。研究不同稀土配合物在相同凝胶基质中的原位合成程度及相应的荧光强弱和热稳定性能，进而选择出在凝胶基质中具有较强荧光性能及热稳定性能的稀土配合物。

（2）在无机基质中加入铝、硼等成分，使凝胶成分多元化，选取荧光性能较好的稀土配合物掺入，研究加入的无机成分对有机/无机复合材料结构及性能的影响。

（3）在无机基质中加入 GPTMS、VTES、MTMS 等成分，对凝胶基质进行有机改性，选取荧光性能较好的稀土配合物掺入，研究加入的有机改性成分对有机/无机复合材料结构及性能的影响。

（4）综合分析各种影响因素，对凝胶基质及掺入的稀土有机配合物进行优化，制备出具有较强荧光性能、柔韧性及热稳定性能的有机/无机复合材料，为开发出符合实际应用需要的复合光功能材料提供依据。

2 稀土配合物掺杂种类对凝胶玻璃的结构及性能的影响

2.1 体系的选择

三价稀土-β-二酮配合物的发光早在 20 世纪 60 年代就有研究,由于这类配合物中存在着从具有高吸收系数的 β-二酮到 Eu^{3+}、Tb^{3+} 等离子的高效能量传递,因而有极高的发光效率。只含 β-二酮的配合物在合成时很容易与水分子配位,羟基(OH)的振动可显著猝灭稀土离子的荧光,引入适当极性的非水协同剂以取代水的位置,与稀土离子配位,从而能进一步提高稀土配合物的荧光。另外,三价稀土芳香羧酸配合物也具有较强的荧光和较高的化学稳定性。

杨燕生等人[11]对纯配合物分子中能量传递机制和配合物体系的光物理过程进行了研究;钱进等对凝胶玻璃中含 β-二酮分子的二元稀土配合物荧光的强弱进行了探讨[70]。Eu^{3+} 及 Tb^{3+} 具有较强的荧光性能,其二元配合物[71,72]及部分三元配合物[73,74]均已被掺杂于有机-无机复合材料中,并对其荧光性能进行了研究。但是对于在凝胶玻璃中原位合成的含稀土离子-有机配体-协同剂的三元配合物的能量传递机制和凝胶玻璃的荧光强弱的研究则较少。本章利用原位合成技术,在 SiO_2 凝胶玻璃中掺入荧光较强的 Eu^{3+} 或 Tb^{3+},几种不同的配位分子(如苯甲酸和 β-二酮分子)和协同休,比较各不同配合物原位合成程度及其荧光强弱,从而为选取荧光较强的稀土三元配合物及其掺杂凝胶玻璃的制备提供一定的依据。

表 2-1 列出了实验中用到的协同体以及它们的结构。实验中用到的 β-二酮分子为 TTA、BTA、DBM 和 acac,其结构上一章已列出,所使用的芳香羧酸为苯甲酸。

表 2-1 实验中所用协同体的名称及结构

协同体名称	结构
1,10-菲咯啉(phen)	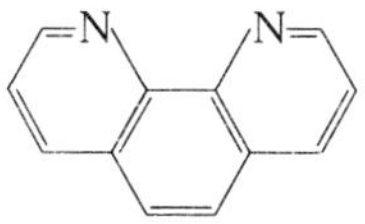 H$_2$O
2,2-联吡啶(dipy)	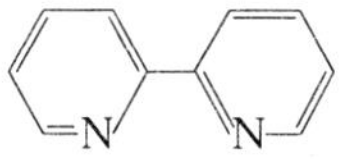
三苯基氧化磷(TPPO)	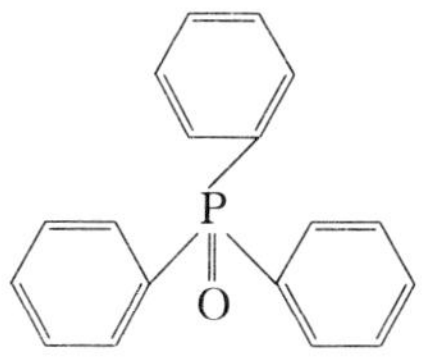

2.1.1 实验所用化学试剂

Tb$_4$O$_7$:纯度为 99.99%(中国医药集团上海化学试剂公司);

Eu$_2$O$_3$:纯度为 99.99%(中国医药集团上海化学试剂公司);

TEOS:正硅酸乙酯,分子式为 Si(OC$_2$H$_5$)$_4$,分析纯,含量(以 SiO$_2$ 计)不少于 28%(中国医药集团上海化学试剂公司);

MTMS:甲基三甲氧基硅烷,含量≥98%(武汉大学化工厂生产);

VTES:乙烯基三乙氧基硅烷,含量≥98%(武汉大学化工厂生产);

GPTMS:γ-缩水甘油丙基三甲氧基硅烷,含量≥95%(武汉大学化工厂生产);

HBA:苯甲酸,分析纯(上海润捷化学试剂有限公司);

phen:1,10-菲咯啉,分析纯(中国医药集团上海化学试剂公司);

DBM:二苯甲酰基甲烷,分析纯(Alfa Aesar/A Johnson Matthey Company);

TTA:噻吩甲酰三氟丙酮,分析纯(Alfa Aesar/A Johnson Matthey

Company）；

　　BTA：苯甲酰三氟丙酮，分析纯（Research Chemicals Ltd.）；

　　acac：乙酰丙酮，分析纯（中国医药集团上海化学试剂公司）；

　　TPPO：三苯基氧化磷，分析纯（Alfa Aesar/A Johnson Matthey Company）；

　　dipy：2,2′-联吡啶，分析纯（国药集团化学试剂有限公司）；

　　EtOH：C_2H_5OH，无水乙醇，分析纯，含量≥99.9%（上海振兴化工一厂）；

　　HCl：浓盐酸，分析纯（武汉江北化学试剂有限责任公司）；

　　H_3BO_3：硼酸，分析纯，含量≥99.5%（国药集团化学试剂有限公司）；

　　广泛试纸：pH 值范围 1～14（上海试剂三厂）；

　　H_2O：去离子水（由艾科浦 P 系列纯化水机提供）。

2.1.2　所用实验仪器及测试仪器

　　分析天平：电光分析天平。

　　搅拌器：85-2 型恒温磁力搅拌器（上海司乐仪器有限公司）。

　　烘箱：WG-43 电热鼓风干燥箱（天津泰斯特仪器有限公司）。

　　荧光光谱仪：日本岛津 RF-5301PC 荧光光谱仪。将各样品研磨成粉测试，所选用的入射和出射狭缝为 10 nm。

　　X 射线衍射仪（XRD）：Model D/Max-Ⅲ A，Japan X 射线衍射仪和美国 Panalytical 公司超能阵列 X 射线衍射仪。

　　扫描电镜（SEM）：Japan SX40 型扫描电镜。

　　红外光谱（IR）：美国 NICOLET 公司 Nexus 傅立叶变换显微红外及拉曼光谱仪（FT-IR-Raman），分辨率为 4 cm^{-1}，KBr 压片，测试范围 4000～400 cm^{-1}。

　　热重-差热扫描量热仪（TG-DSC）：NETZSCH STA 449C 型热重-差热扫描量热仪，将样品磨成粉，称取 0.15 g 左右，在空气气氛中以 10 ℃/min 的升温速率从室温升到 950 ℃。

　　物理/化学吸附分析仪（BET）：Quantachrome Instruments 公司的 Autosorb-1 全自动物理/化学吸附分析仪。样品质量取 0.1600 g 左右，脱气温度为 60 ℃，脱气时间为 1 h。

2.2　稀土三元配合物的合成及其性能研究

为了便于与在凝胶玻璃中原位合成的稀土三元配合物的性能进行对比,本书先行合成了部分稀土三元配合物,如 Eu-HBA-phen,Tb-HBA-phen 和 Eu-TTA-phen。

2.2.1　Eu-HBA-phen 稀土三元配合物的合成及其性能研究

根据相关文献[75],将 Eu_2O_3 溶于适量浓盐酸中,并加热蒸干,得到白色的 $EuCl_3 \cdot 6H_2O$ 晶体。按 Eu^{3+} ∶苯甲酸∶1,10-菲咯啉为 1∶3∶1 的物质的量比称取样品,并分别溶于适量的 95% 乙醇中。用 1 mol/L NaOH 溶液将苯甲酸的乙醇溶液的 pH 值调至 6～7,将 1,10-菲咯啉的乙醇溶液与之混合,并将此混合溶液滴加到 $EuCl_3 \cdot 6H_2O$ 的乙醇溶液中,且不断搅拌,体系中有白色沉淀生成,混毕,搅拌 2 h,静置 12 h,抽滤,用 95% 乙醇洗涤沉淀 3 次,经干燥得到白色粉末。对所得样品进行元素分析确认生成了 $Eu(HBA)_3phen$ 配合物。

图 2-1 为 HBA,phen 及 $Eu(HBA)_3phen$ 稀土三元配合物的红外光谱(IR)对比图谱。由配体 HBA 的红外光谱可见,其中有四个特征峰:表征 $\nu_{as}(OH)$ 的 2562 cm^{-1},表征 $\nu(C=O)$ 的 1688 cm^{-1},表征 $\delta(OH)$ 的 934 cm^{-1}、表征 $\delta(C-H)$ 的 710 cm^{-1}。其中 1688 cm^{-1} 为羰基的伸缩振动带 $\nu_{C=O}$,710 cm^{-1} 为单取代苯环的 C—H 面外弯曲振动带 δ_{C-H},这两个振动带的出现说明苯甲酸分子的存在[33]。

由 phen 红外光谱可见,其中有四个特征峰:ν_{C-N}(1587 cm^{-1})、ν_{C-C}(1618 cm^{-1})、δ_{C-H}(852 cm^{-1})和 δ_{C-H}(739 cm^{-1})。

在 HBA,phen 及 Eu-HBA-phen 稀土三元配合物的红外光谱中均出现了 3200～3670 cm^{-1} 宽而强的吸收峰,此峰为吸附水中 O—H 的伸缩振动[51]。

对比发现,出现了表征 $\nu_{as}(COO^-)$ 的 1533 cm^{-1} 和 $\nu_a(COO^-)$ 的 1422 cm^{-1} 特征吸收带,它们为配合物的特征吸收带,从而确证了稀土有机配合物的合成;而 phen 的四个特征峰在形成配合物后均向低波数移动,这是由于 phen 中的 N 参与了配位,电子云密度降低,相应的特征峰发生了位移[76]。

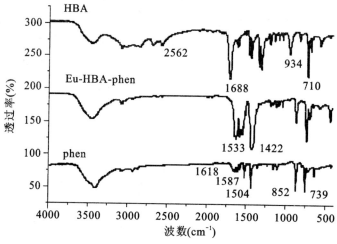

图 2-1　HBA,phen 及 Eu(HBA)₃phen 稀土三元配合物的红外光谱(IR)对比图谱

图 2-2 为 Eu(HBA)₃phen 稀土三元配合物的激发光谱图。它在 200～400 nm 范围内形成很宽的谱带,并且在 300 nm 左右达到了峰强最大值。此外还有属于 Eu^{3+} 的 412 nm、431 nm、459 nm、530 nm 激发峰。已知苯甲酸的最大吸收位于 270 nm 左右;Eu^{3+} 的最大吸收位于 395 nm,在 300 nm 处吸收很小[75]。由于 phen 对能量的吸收很强,掩盖了 Eu^{3+} 和苯甲酸的吸收,因此样品在 300 nm 左右处出现最强吸收峰。

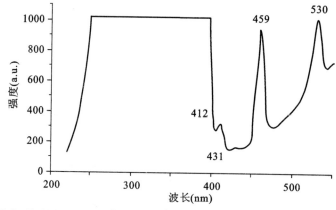

图 2-2　Eu(HBA)₃phen 稀土三元配合物的激发光谱(监测波长 615 nm)图

图 2-3 为 Eu(HBA)$_3$phen 稀土三元配合物的发射光谱图。图中存在 4 个发射峰,它们的波长分别是 594 nm、615 nm、651 nm 和 697 nm,分别归属于 Eu^{3+} 的 $^5D_0 \rightarrow {}^7F_1$、$^5D_0 \rightarrow {}^7F_2$、$^5D_0 \rightarrow {}^7F_3$、$^5D_0 \rightarrow {}^7F_4$ 跃迁,在 615 nm 处的荧光强度最高[3,77],这说明稀土离子与有机配体之间存在着能量传递并产生了稀土离子的特征荧光。

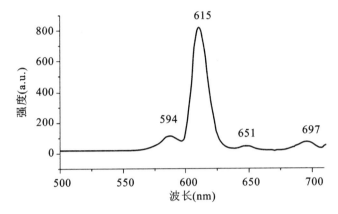

图 2-3　Eu(HBA)$_3$phen 稀土三元配合物的发射光谱(激发波长 280 nm)图

2.2.2　Tb-HBA-phen 稀土三元配合物的合成及其性能研究

制备方法与上述制备 Eu-HBA-phen 稀土三元配合物的方法相同,只是将 EuCl$_3$溶液替换为 Tb(NO$_3$)$_3$溶液加入。所得样品的 IR 图谱见图 2-4。

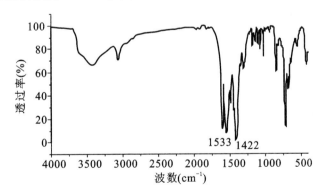

图 2-4　合成的 Tb-HBA-phen 稀土三元配合物的 IR 图谱

通过与 HBA 及 phen 的红外光谱进行对比,同样可以发现,三元配合物中表征苯甲酸分子存在的 $\nu_{C=O}$ 和 δ_{C-H} 振动带消失了,出现了表征 $\nu_{as}(COO^-)$ 的 1533 cm^{-1} 和 $\nu_a(COO^-)$ 的 1422 cm^{-1} 特征吸收带,它们为配合物的特征吸收带,从而确证了稀土有机配合物的合成;图 2-4 与 Eu-HBA-phen 稀土三元配合物的 IR 图谱相似,表明这两种配合物具有类似的结构。

图 2-5 为 Tb-HBA-phen 稀土三元配合物的激发光谱图。它在 200～400 nm 范围内也形成宽的谱带,并且在 340 nm 左右达到了峰强最大值。此外还有属于 Tb^{3+} 的 485 nm 激发峰。

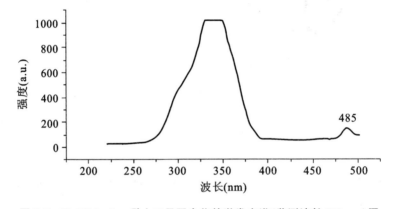

图 2-5　Tb-HBA-phen 稀土三元配合物的激发光谱(监测波长 541 nm)图

图 2-6 为 Tb-HBA-phen 稀土三元配合物的发射光谱图。图中存在 5 个发射峰,其中 541 nm 左右是 Tb^{3+} 特征荧光最强发射峰,对应于 Tb^{3+} 的 $^5D_4 \sim {}^7F_5$ 跃迁的特征发射,另外还可以观察到部分样品位于 485 nm、581 nm、616 nm 和 672 nm 左右的发射峰,它们分别对应于 Tb^{3+} 的 $^5D_4 \sim {}^7F_J(J=6,4,3,2)$ 跃迁的特征发射[3,77],这也表明配合物中存在有效的分子内传能且产生了稀土离子的特征荧光。

2.2.3　Eu-TTA-phen 稀土三元配合物的合成及其性能研究

根据相关文献[78],将 Eu$_2$O$_3$ 溶于适量浓盐酸中,并加热蒸干,得到白色的 EuCl$_3$·6H$_2$O 晶体,并将其溶于 95% 乙醇溶液。按 Eu^{3+} : 噻吩甲

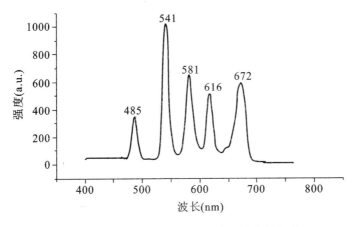

图 2-6　Tb-HBA-phen 稀土三元配合物的发射光谱图

酰三氟丙酮:1,10-菲咯啉为 1:3:1 的物质的量比称取 TTA 和 phen,并溶于适量 95% 乙醇中,充分搅拌。用浓氨水溶液将 pH 值调至 5.5 左右,并将此混合溶液滴加到 $EuCl_3 \cdot 6H_2O$ 的乙醇溶液中,且不断搅拌,体系中有白色沉淀生成,混毕,搅拌 2 h,静置 12 h,抽滤,沉淀用 1:1 乙醇溶液、石油醚洗涤,置于盛有 P_4O_{10} 的干燥器中。所得配合物通过元素分析,确定其分子式为 $Eu(TTA)_3phen$。

　　从 TTA 及相应的稀土三元配合物的红外光谱(图 2-7)可见,在未与稀土离子配位 TTA 化合物中,羰基 C=O 的振动峰位于 $1650\ cm^{-1}$ 处,而形成稀土三元配合物后,羰基 C=O 的振动频率有少许降低,位于 $1627\ cm^{-1}$、$1600\ cm^{-1}$ 和 $1579\ cm^{-1}$ 处,这是由于铕配合物的形成对羰基的反对称伸缩振动产生了微扰,从而表明了铕配合物的形成[79]。

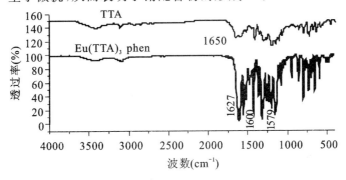

图 2-7　TTA 和 $Eu(TTA)_3phen$ 稀土三元配合物的红外光谱对比图

Eu(TTA)$_3$phen 稀土三元配合物的激发和发射光谱与 Eu(HBA)$_3$phen 稀土三元配合物的光谱类似，它们的发射光谱均为 Eu^{3+} 离子的特征发射峰，且具有较强的荧光；其激发光谱均为较宽的峰，表明了有机配体向稀土离子有效的分子内能量传递。

通过以上工作，获得了合成的稀土有机配合物的红外光谱，并在荧光光谱中确定了稀土离子各峰的归属，为以后的分析和对比做了准备。

2.3　凝胶中稀土配合物的原位合成

将 99.99％的 Eu$_2$O$_3$ 溶于适量浓盐酸中，并加热蒸干，得到 EuCl$_3$·6H$_2$O 晶体，将其溶于一定量的去离子水中，配成 0.1 mol/L 的 EuCl$_3$ 溶液。

将 99.99％的 Tb$_4$O$_7$ 溶于适量浓硝酸中，同时加入几滴 30％H$_2$O$_2$，加热蒸干，得到 Tb(NO$_3$)$_3$·6H$_2$O 晶体，将其溶于一定量的去离子水中，配成 0.1 mol/L Tb(NO$_3$)$_3$ 的水溶液。

将 0.1 mol 的正硅酸乙酯(TEOS)、0.4 mol 的无水乙醇(C$_2$H$_5$OH)、0.4 mol 的去离子水混合，用 0.1 mol/L 的 HCl 调节 pH 值为 2 左右，快速搅拌 30 min 制得先驱液后，将先驱液依次加入稀土离子(RE)的水溶液，配体(L)的乙醇溶液和协同体(S)的乙醇溶液，并使 RE：L：S 的物质的量比与形成的 RE-L-S 配合物相同(具体成分见表 2-2 和表 2-3)；继续搅拌 1 h 后，倒入塑料烧杯，用薄膜封口，置于 40 ℃烘箱中，每日扎2～3个孔，直至完全干燥。同时为了比较各协同体对不同 RE-L 二元配合物荧光的作用，也制备了 RE：L 物质的量比为 1：3 的各二元样品。所有样品中 Eu^{3+} 或 Tb^{3+} 的含量均相同，其名义浓度(稀土离子与 SiO$_2$ 的物质的量浓度百分比)为 0.035％，远低于使其荧光最强的最大含量，以减少可能产生的浓度猝灭对荧光性能的影响(对于样品的热稳定性能是通过它们在不同温度热处理后的荧光强弱来进行比较的；对样品的机械性能没有具体测试，仅从各样品的外观进行推断)。具体制备过程见图 2-8。

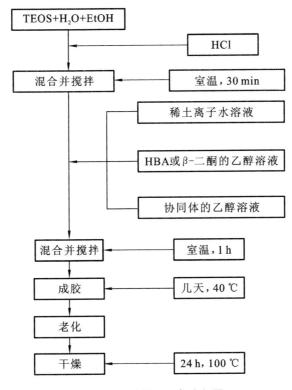

图 2-8　凝胶样品制备流程图

2.3.1　含 Eu 系列样品的合成及性能

所制备的各样品的编号列于表 2-2 中。

表 2-2　制备的含 Eu 各样品的名称及编号

BTA 系列	TTA 系列	HBA 系列	acac 系列	DBM 系列
(1)	(5)	(9)	(13)	(17)
Eu(BTA)₃	Eu(TTA)₃	Eu(HBA)₃	Eu(acac)₃	Eu(DBM)₃
(2)	(6)	(10)	(14)	(18)
Eu(BTA)₃phen	Eu(TTA)₃phen	Eu(HBA)₃phen	Eu(acac)₃phen	Eu(DBM)₃phen
(3)	(7)	(11)	(15)	(19)
Eu(BTA)₃dipy	Eu(TTA)₃dipy	Eu(HBA)₃dipy	Eu(acac)₃dipy	Eu(DBM)₃dipy
(4)	(8)	(12)	(16)	(20)
Eu(BTA)₃(TPPO)₂	Eu(TTA)₃(TPPO)₂	Eu(HBA)₃(TPPO)₂	Eu(acac)₃(TPPO)₂	Eu(DBM)₃(TPPO)₂

图 2-9 和图 2-10 分别为(2)$Eu(BTA)_3phen$ 样品的 XRD 和 SEM 图。由图 2-9 可见,在 23.24°左右有一个宽峰,表明样品为非晶态。由图 2-10 可见,样品是由均匀的凝胶粒子形成的非晶态结构,而且凝胶粒子并未产生团聚,样品仍为非晶态多孔结构。其他样品与(2)样品具有相似的结构与形貌。

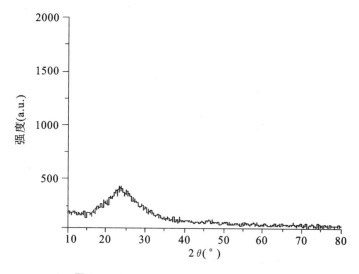

图 2-9 (2)$Eu(BTA)_3phen$ 样品的 XRD 图

图 2-10 (2)$Eu(BTA)_3phen$ 样品的 SEM 图

　　图 2-11 为纯 SiO_2 凝胶玻璃和(2)$Eu(BTA)_3phen$ 的红外光谱图。由图可见,该样品的图谱与纯 SiO_2 凝胶玻璃的图谱没有明显的区别,其中 1086 cm^{-1} 左右处的强吸收峰来自于 Si—O—Si 键的非对称伸缩振动,794 cm^{-1} 和459 cm^{-1} 附近的吸收峰来自于 Si—O—Si 键的弯曲振动,556 cm^{-1} 左右的弱吸收峰或肩峰为结构缺陷引起的,944 cm^{-1} 左右处的吸收峰对应于 Si—OH 键的非对称伸缩振动,3465 cm^{-1} 附近的宽吸收峰来自于—OH 的特征振动,1641 cm^{-1} 附近的吸收峰则来自于吸附水。而三元配合物 $Eu(BTA)_3phen$ 的特征吸收峰由于受到掩盖和叠加的影响,在原位合成的凝胶玻璃中并没有出现[80]。红外光谱结果进一步表明原位合成配合物掺杂不改变凝胶玻璃的非晶态结构。

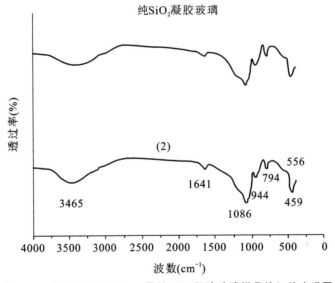

图 2-11　(2)$Eu(BTA)_3phen$ 及纯 SiO_2 凝胶玻璃样品的红外光谱图

　　在相同的测试条件下,将粉末样品进行激发光谱和发射光谱的测试。经过几次测试比较,发现发射光谱中荧光最强峰位于 611 nm 左右。因此先以 611 nm 作为监测波长,测试各样品的激发光谱,从激发光谱中找出使 611 nm 荧光最强的激发波长,然后以该波长作为激发光,测试各样品的发射光谱。由于各样品间存在一些差异,其相应的最佳激发波长也不完全相同。以后进行荧光光谱测试的方法与此处相同,故从略。本书中各样品的最佳激发波长就不一一表述了。分析比较不同热处理后各样品的发射光谱,发现各样品的图谱形状大致相似,只是各发射峰的强度有区别。这是因为它们均为铕离子的特征荧光峰。其中 BTA 系列和 TTA 系列样品的荧光为各系列中最强的,HBA 系列样品也有一定的荧光,因此将它们在室温的荧光发射光谱列出(图 2-12)。而对 acac 系列和 DBM 系列,各样品在不同温度热处理后均难形成较强的荧光,因此下文不再讨论这两个系列的荧光性能。

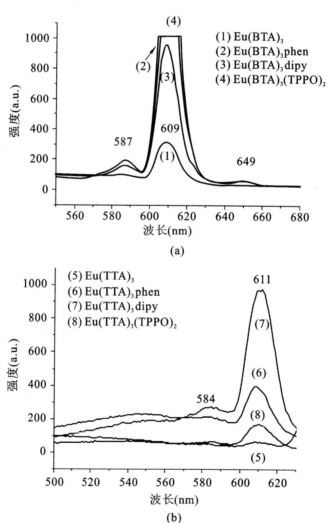

(1) Eu(BTA)$_3$
(2) Eu(BTA)$_3$phen
(3) Eu(BTA)$_3$dipy
(4) Eu(BTA)$_3$(TPPO)$_2$

(a)

(5) Eu(TTA)$_3$
(6) Eu(TTA)$_3$phen
(7) Eu(TTA)$_3$dipy
(8) Eu(TTA)$_3$(TPPO)$_2$

(b)

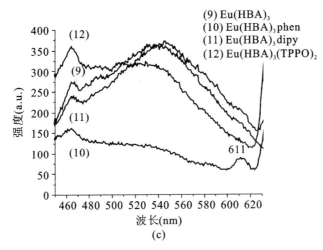

图 2-12 各系列样品的荧光发射光谱图（未进行热处理的室温样品）

(a)BTA 系列;(b)TTA 系列;(c)HBA 系列

在实验中发现,部分样品均在 460 nm 左右或 540 nm 存在发射峰,根据有关文献[81,82],认为可能是由于 SiO₂ 凝胶本身发光,并且随着制备工艺的变化,该峰的位置也会相应发生变化。为此,制备了纯 SiO₂ 凝胶样品,并测试了其荧光谱,如图 2-13 所示。由图可见,该样品在 448 nm 左右有一个宽而强的荧光峰,是 SiO₂ 凝胶本身的发光。由此我们可以判断部分样品在 460 nm 左右或 540 nm 左右的发射峰反映的是 SiO₂ 凝胶本身的发光。

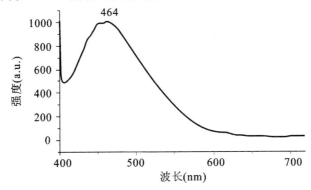

图 2-13 纯 SiO₂ 凝胶玻璃的发射光谱（激发波长 380 nm）

从图 2-12 中可看到,611 nm 左右是 Eu³⁺ 特征荧光最强发射峰,对应于 $^5D_0 \sim ^7F_2$ 跃迁的特征发射,另外还可以观察到位于 590 nm 左右的发射

峰,它对应于 $^5D_0 \sim {}^7F_1$ 跃迁的特征发射。部分样品在 649 nm 也有对应于
$^5D_0 \sim {}^7F_3$ 跃迁的特征发射。对于 Eu＋BTA 系列和 Eu＋TTA 系列,加入
协同体后,各样品的发射峰强度均增大,说明我们在实验中引用的三种协
同体均能有效敏化这两种 Eu 二元配合物的发光。而对于 Eu＋HBA 系
列,它产生的荧光就要弱一些,仅有加入 phen 协同体的样品产生 1 个位
于 611 nm 的 Eu 离子的弱的荧光峰,对于含 dipy 和 TPPO 协同体的样品
及不加协同体的样品,均观测不到 Eu 离子的特征荧光峰。

　　不同的热处理温度也会对样品的荧光强度有影响。对在不同温度下进
行热处理的 Eu＋BTA 系列、Eu＋TTA 系列和 Eu＋HBA 系列各样品在相
同的测试条件下测量荧光光谱,其 611 nm 处荧光峰的强度变化见图 2-14。

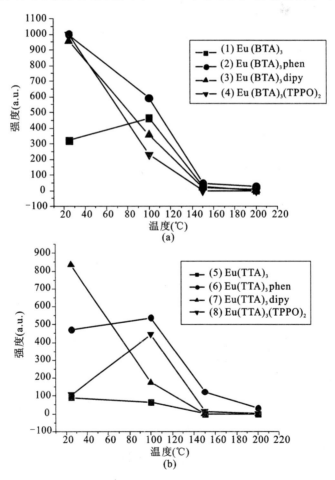

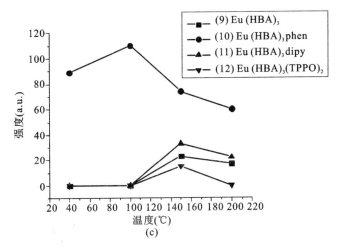

图 2-14 各样品在不同温度热处理后其 611 nm 处荧光峰的强度值

(a)Eu＋BTA 系列；(b)Eu＋TTA 系列；(c)Eu＋HBA 系列

由图 2-12 及图 2-14 可见，含 Eu＋BTA 二元原位合成配合物的凝胶玻璃在室温时即已产生较强的荧光，到 100 ℃时荧光最强，150 ℃时荧光大大减弱，到 200 ℃时测试不到 Eu 离子的荧光。加入任意一种协同体后，在室温下凝胶的荧光剧烈增强，但随着温度的升高，各样品的荧光急剧降低。这表明加入 phen、dipy 或 TPPO，均能使 BTA 系列样品很容易在凝胶玻璃中原位合成，且产生较强的荧光。但随着温度升高，荧光急剧减弱，这可能是由于配合物的热稳定性不高，随温度升高发生了分解。由图中可见，室温下各协同体敏化荧光的顺序为：phen＞TPPO＞dipy；而形成的三元配合物的热稳定性顺序为：phen＞dipy＞TPPO。

对于 Eu＋TTA 样品，在室温即已部分原位合成，产生稀土配合物荧光，随着温度升高，荧光逐渐减弱，150～200 ℃测试不到 Eu 离子的荧光。加入 dipy 后，在室温下样品的荧光急剧增强，但随温度提高，其荧光减弱很快。加入 phen 后，样品的荧光迅速增强，并且配合物的热稳定性提高，样品在 100 ℃时荧光最强，到 200 ℃时仍有弱荧光。加入 TPPO 后，样品在室温仅有弱的荧光峰，到 100 ℃时荧光强度最高，随后荧光强度随温度升高而降低。因此，对于 Eu＋TTA 系列，各协同体敏化荧光顺序为：dipy＞phen＞TPPO；而形成的三元配合物的热稳定性顺序为：phen＞TPPO＞dipy。

对于 Eu＋HBA 样品，在相同的测试条件下，在室温及 100 ℃时均观察不到 Eu 离子的特征荧光峰,只有经 150 ℃/24 h 热处理样品,才有一个位于 611 nm 处的微弱荧光峰。这说明 Eu＋HBA 较难在 TEOS 凝胶中原位合成,同时其荧光较弱。分别加入 phen、dipy 及 TPPO 三种协同体后,仅加入 phen 的样品有荧光增强现象,由图 2-14 可见,该样品在室温,即有一个位于 611 nm 处的微弱荧光峰,经过 100 ℃/24 h 热处理后,其荧光强度提高。这说明 phen 的加入,能使 Eu＋HBA 在凝胶中有一定的敏化发光。加入 dipy 或 TPPO 协同体后,样品在室温及 100 ℃/24 h 热处理后均观察不到 Eu 离子的特征荧光峰,只有在150 ℃/24 h热处理后,才有很弱的荧光峰产生,这也进一步说明Eu＋HBA配合物较难在凝胶玻璃中合成,且其荧光较弱。当温度继续升高,由于凝胶及有机配合物的氧化分解,Eu 离子的荧光减弱。因此对于 Eu＋HBA 系列,其发光能力没有前面两个系列强,虽然 phen 在一定程度上可认为是该体系敏化荧光的协同体。

综合分析以上结果可知,对于含 Eu 的稀土配合物,phen 是较有效的敏化荧光的协同体,并且可使形成的稀土配合物的热稳定性提高。

2.3.2　含 Tb 系列样品的合成及性能

所制备的各样品的编号列于表 2-3 中。

表 2-3　制备的各样品的名称及编号

BTA 系列	acac 系列	HBA 系列	TTA 系列	DBM 系列
(1)	(5)	(9)	(13)	(17)
$Tb(BTA)_3$	$Tb(acac)_3$	$Tb(HBA)_3$	$Tb(TTA)_3$	$Tb(DBM)_3$
(2)	(6)	(10)	(14)	(18)
$Tb(BTA)_3phen$	$Tb(acac)_3phen$	$Tb(HBA)_3phen$	$Tb(TTA)_3phen$	$Tb(DBM)_3phen$
(3)	(7)	(11)	(15)	(19)
$Tb(BTA)_3dipy$	$Tb(acac)_3dipy$	$Tb(HBA)_3dipy$	$Tb(TTA)_3dipy$	$Tb(DBM)_3dipy$
(4)	(8)	(12)	(16)	(20)
$Tb(BTA)_3(TPPO)_2$	$Tb(acac)_3(TPPO)_2$	$Tb(HBA)_3(TPPO)_2$	$Tb(TTA)_3(TPPO)_2$	$Tb(DBM)_3(TPPO)_2$

图 2-15 和图 2-16 分别为(2)$Tb(BTA)_3phen$样品的 XRD 图和 SEM 图。由图 2-15 可见,在 23°左右有一个宽峰,表明样品为非晶态。由图 2-16 可见,样品为多孔非晶态结构。其他样品与该样品具有相似的结构与形貌。

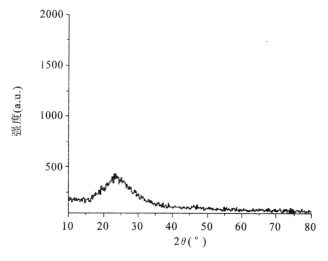

图 2-15 （2）Tb(BTA)₃phen 的 XRD 图谱

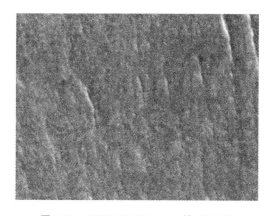

图 2-16 （2）Tb(BTA)₃phen 的 SEM 图

图 2-17 为纯 SiO_2 凝胶玻璃和（2）样品的红外光谱图。由图可见，（2）样品的图谱与纯 SiO_2 凝胶玻璃的图谱没有明显的区别，其中 $1086\ cm^{-1}$ 左右处的强吸收峰来自于 Si—O—Si 键的非对称伸缩振动，$794\ cm^{-1}$ 和 $459\ cm^{-1}$ 附近的吸收峰来自于 Si—O—Si 键的弯曲振动，$556\ cm^{-1}$ 左右的弱吸收峰或肩峰为结构缺陷引起的，$944\ cm^{-1}$ 左右处的吸收峰对应于 Si—OH 键的非对称伸缩振动，$3465\ cm^{-1}$ 附近的宽吸收峰来自于—OH 的特征振动，$1641\ cm^{-1}$ 附近的吸收峰则来自于吸附水。而三元配合物 Tb(BTA)₃phen 的特征吸收

峰在原位合成的凝胶玻璃中并没有出现。

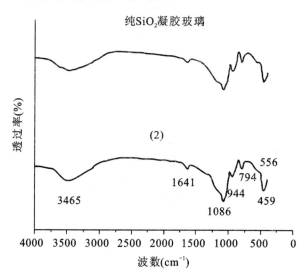

图 2-17 （2）Tb(BTA)₃phen 及纯 SiO₂ 凝胶玻璃样品的红外光谱

在相同的测试条件下，将粉末样品进行激发光谱和发射光谱的测试。先以 541 nm 作为监测波长，测试各样品的激发光谱，从激发光谱中找出使 541 nm 荧光最强的激发波长，然后以该波长作为激发光，测试各样品的发射光谱。由于各样品间存在一些差异，其相应的最佳激发波长也不完全相同，本书中各样品的最佳激发波长也不一一列出。分析比较不同热处理后各样品的发射光谱，发现各样品的图谱形状大致相似，只是各发射峰的强度有区别。这是因为它们均为 Tb 离子的特征荧光峰。其中 BTA 系列、HBA 系列和 acac 系列样品的荧光为各系列中比较强的，而且相比较而言，它们在 100 ℃热处理 24 h 后的荧光比较强，因此将它们在此温度热处理后测得的发射光谱列出（图 2-18）。而对于 DBM 系列，各样品在各温度热处理后均难形成较强的荧光；对于 TTA 系列，仅（14）Tb(TTA)₃phen 和（16）Tb(TTA)₃(TPPO)₂样品在 150 ℃热处理 24h 后才有弱的荧光，因此不再讨论这两个系列的荧光性能。

从图 2-18 中可看到，对各系列样品，541 nm 左右是 Tb³⁺特征荧光最强发射峰，对应于 $^5D_4 \sim {}^7F_5$ 跃迁的特征发射，另外还可以观察到部分样品位于 486 nm、585 nm 和 616 nm 左右的发射峰，它们分别对应于 $^5D_4 \sim {}^7F_J$（$J=6$，

4,3)跃迁的特征发射。对于 Tb＋BTA 系列、Tb＋HBA 系列和 Tb＋acac 系列,加入协同体 phen 和 dipy 后,各样品的发射峰强度均提高,且 Tb 离子的特征发射峰的数量变多,峰形变尖,说明在实验中引用的这两种协同体均能有效敏化这几种 Tb 的二元配合物的发光,而 TPPO 起的敏化作用不大。相比较而言,在此温度进行热处理后,Tb＋HBA 和 Tb＋BTA 系列的荧光比 Tb＋acac 系列的要强一些。

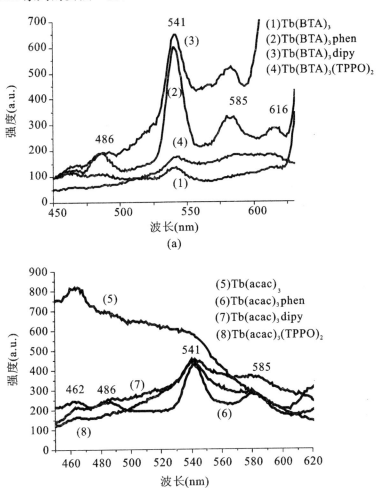

(a)

(b)

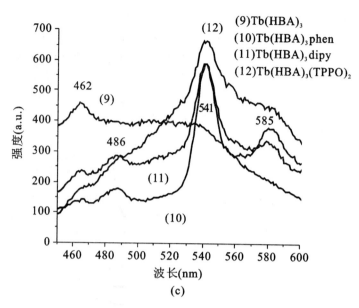

图 2-18　含 Tb 系列样品的荧光发射光谱图(100 ℃热处理 24 h 的样品)

(a)BTA 系列;(b)acac 系列;(c)HBA 系列

不同的热处理温度也会对样品的荧光强度有影响。对 BTA 系列、acac 系列和 HBA 系列各样品在相同的测试条件下测量其荧光光谱,541 nm处荧光峰的强度变化见图 2-19。

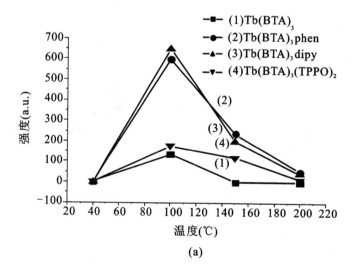

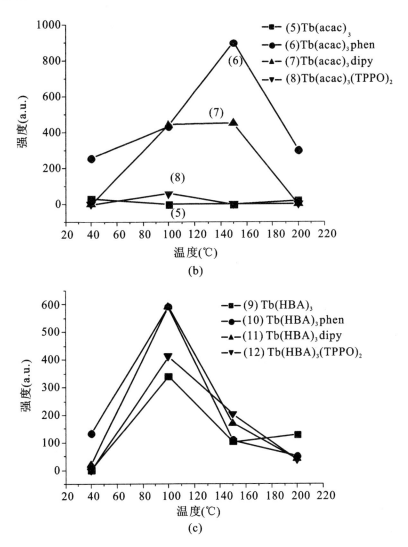

图 2-19 样品在不同温度热处理 24 h 后其 541 nm 处荧光峰的强度值

(a)BTA 系列;(b)acac 系列;(c)HBA 系列

由图 2-18 及图 2-19 可见,Tb+BTA 二元原位合成配合物掺杂凝胶玻璃在室温时没有形成较强的荧光,到 100 ℃时产生一定强度的荧光,150～200 ℃时观察不到 Tb 离子的荧光。加入 phen 或 dipy 协同体后,在室温下凝胶的荧光并未增强,但随着温度升高到 100 ℃,各样品的荧光急剧增强,到 150 ℃时荧光强度有所降低,到 200 ℃时仍有弱荧光。这表明加入 phen 或 dipy,均能使 BTA 系列样品于 100 ℃时在凝胶玻璃中大量原位合成,且产生较强的荧光。但随着温度的升高,荧光急剧减弱,这可能是由于配合物的热稳定性不高,随温度升高发生了分解。TPPO 对这一系列的敏化作用均不强。

对于 Tb+acac 样品,在各温度下都很难产生较强的稀土配合物荧光,加入 dipy 后,在室温时也未观察到 Tb 的特征荧光,但随温度提高到 100 ℃,在 541 nm 处产生 Tb 的一个荧光峰,到 150 ℃时,则产生三个 Tb 的较强荧光峰(486 nm,541 nm,585 nm 处),到 200 ℃时荧光强度降低很多。加入 phen 后,样品在室温的荧光迅速增强,并且配合物的热稳定性提高,样品的荧光强度随温度升高迅速提高,到 150 ℃时达到最高,200 ℃时仍有比较强的荧光。加入 TPPO 后,样品在各温度都没有产生较强的荧光。因此,对于 Tb+acac 系列,phen 和 dipy 均能敏化二元配合物发光,且 phen 的敏化作用及提高配合物热稳定性的作用均比 dipy 的要强。TPPO 对这一系列的敏化作用不大。

对于 Tb+HBA 样品,加入 phen 或 dipy 协同体后,在室温下凝胶的荧光并未增强,但随着温度升高到 100 ℃,各样品的荧光急剧增强,到 150 ℃时荧光强度有所降低,到 200 ℃时 Tb 离子的荧光已经很弱。这表明加入 phen 或 dipy,均能使 HBA 系列样品于 100 ℃时在凝胶玻璃中大量原位合成,且产生较强的荧光。但随着温度升高,荧光急剧减弱,这可能是由于配合物的热稳定性不高,随温度升高发生了分解。综合比较各荧光光谱荧光峰的个数、尖锐程度及最强荧光峰的强度,发现 TPPO 对这一系列的敏化作用均不强。

2.3.3　稀土有机配合物的最佳掺入量

根据上述优化结果,选取具有最强荧光的两种稀土有机配合物进行实验,即以 Eu^{3+}：有机配体 TTA：协同体 phen 或 Tb^{3+}：有机配体 HBA：协同体 phen 的物质的量比为 1：3：1 的比例,分别制备稀土离子不同掺杂含量的样品,以稀土离子的名义浓度(RE^{3+} 与 SiO_2 摩尔浓度的百分比)来表示。表 2-4 为各样品的掺杂浓度及其编号。

表 2-4　各样品的掺杂浓度及其编号

稀土离子名义浓度(%)	0.035	0.28	0.35	0.70	1.05
含 Eu 离子的样品编号	E1	E2	E3	E4	E5
含 Tb 离子的样品编号	T1	T2	T3	T4	T5

　　实验中发现,不论是对含 Eu 离子的样品,还是对含 Tb 离子的样品,随着稀土离子及有机配体掺入量的增加,凝胶样品的颜色逐渐从淡黄透明变为黄褐,甚至近黑色,且稀土离子的最大掺入量只能为 1.05%,超过此含量,凝胶底部会有沉淀生成,不能制得透明均匀的凝胶。对各透明凝胶在不同温度下进行热处理,发现两个系列的样品均在 100 ℃热处理 24 h 后的荧光最强。图 2-20 为含 Eu 及 Tb 系列样品在 100 ℃热处理 24 h 后的荧光强度对比图。

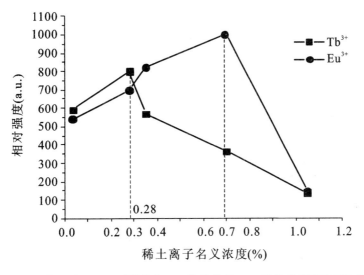

图 2-20　含 Eu 及 Tb 系列样品在 100 ℃热处理 24 h 后的荧光强度对比图

　　由图 2-20 可见,对于含 Eu 离子样品,当其名义浓度为 0.7% 时,荧光最强,超过此浓度,荧光减弱,说明体系中发生了浓度猝灭。而对于含 Tb 离子的样品,当其名义浓度为 0.28% 时,荧光最强,超过此浓度,荧光减弱,说明体系中发生了浓度猝灭。

2.3.4　凝胶样品的 BET 分析

为了分析凝胶的微观结构,对制备的 TEOS 凝胶进行了氮气吸附脱附曲线及其孔分布的测试(见图 2-21)。对比图 2-21 和 BDDT 六类吸附脱附等温线[79]可知,TEOS 凝胶为微孔材料,其平均孔径为 2.125 nm。其余样品的 BET 测试结果与此大致相似,本书不再重述。

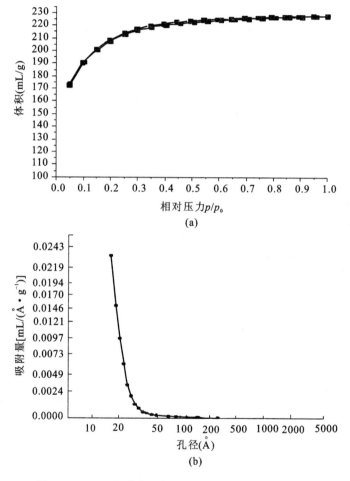

(a)

(b)

图 2-21　TEOS 凝胶的氮气吸附脱附曲线及孔分布测试

(a)氮气吸附脱附曲线;(b)孔分布图

注:经计算 TEOS 凝胶的平均孔径为 2.125 nm。

2.4　讨　　论

2.4.1　凝胶形成过程及稀土配合物原位合成机理

溶胶-凝胶工艺通过不同化学反应的组合,把前驱体和反应物的均匀溶液转变为无限分子量的氧化物聚合物,这个聚合物是一个包含相互连通的孔的三维骨架。其基本原理是:前驱体溶入溶剂(水和有机溶剂)中,形成均匀溶液,溶质与溶剂发生水解(或醇解)反应,反应生成物聚集成 1 nm 左右的粒子并形成溶胶,溶胶经蒸发干燥形成具有一定空间结构的凝胶,再经热处理制备出所需的无机材料。前驱体一般是金属醇盐或烷氧化合物,制得的无机材料,可以是颗粒粉料,也可以是薄膜和纤维。

根据使用原料不同,可将溶胶-凝胶法分为两类,即水溶液溶胶-凝胶法和醇盐溶胶-凝胶法。

醇盐溶胶-凝胶法的基本过程:首先将金属醇盐或烷氧基化合物溶于有机溶剂,再加入其他所需无机或有机物料,配成均质溶液,溶液在一定温度下发生水解、缩聚等化学反应,由溶胶转变为凝胶,最后经干燥或经预烧、烧结制得无机材料。以上制备过程中,主要有溶胶至凝胶、凝胶至材料两个转变过程。

研究表明[79,82-85],在含 TEOS 的溶胶-凝胶前驱液中,pH 值是获得透明、无裂纹块状凝胶的关键影响因素。pH 值过高时,较大的球形 SiO_2 颗粒会从先驱体中析出而难以获得透明、无裂纹块状 SiO_2 凝胶玻璃。当用酸催化水解 TEOS 时,pH 值约为 2 时,可以获得透明、无裂纹的块状凝胶;但是在这一 pH 值下,稀土离子不能与芳香羧酸或 β-二酮形成配合物。

在凝胶中,HCl 和残余溶剂(如水和乙醇)就存在于微孔中。同时在孔中也分散有稀土离子、有机配体及协同体,而此时孔中的 pH 值过低,不能形成稀土三元配合物。当凝胶在陈化过程中或对凝胶进行热处理时,残余的水分子、乙醇分子及 HCl 分子会逐渐挥发,使孔中的 pH 值逐渐升高。当 pH 值升高到 6 左右时,稀土三元配合物将会在凝胶的孔中原位形成。原位合成工艺(in-situ synthesis technique)是在 SiO_2 凝胶成胶后或凝胶玻璃热处理过程中反应合成有机配合物的新工艺,基本不涉及反应物和生成物的长距离迁移。凝胶玻璃基质具有 10～20 Å 的孔径,且分布均匀。它既为稀土有机配合物的形成和稳定存在提供了必要的化学条件，又具备防止合成产物团聚的环境条件，保证了配合物的原位合成及其在基质中的分子水平均匀分散。原位合成工艺克服了现有掺杂工艺所存在的光学均匀性差、制备困难等局限和缺点，实现了金属有机配合物与无机玻璃的有效复合[79,82-85]。

对于含稀土离子及芳香羧酸的凝胶，pH值过低将使稀土芳香羧酸配合物解离，即产生如下反应：

$$RE(A)_n \Longrightarrow RE^{3+} + nA^- \qquad\qquad 化学式(2.1)$$

$$A^- + H^+ \Longrightarrow HA \qquad\qquad 化学式(2.2)$$

式中：RE^{3+} 为稀土离子，HA 为芳香羧酸。随着凝胶化过程的进行，盐酸缓慢挥发，基质的 pH 值上升，一旦满足稀土芳香羧酸配合物的形成条件，它又会重新析出。如果条件控制不当，将可能引起稀土芳香羧酸配合物的不均匀析出，而难以得到掺杂均匀的复合 SiO_2 凝胶玻璃。因此，在实验中，样品是在严格控制 pH 值和陈化、干燥条件下制备的。

2.4.2　配位体及协同体增强稀土离子荧光的机理

本实验中选用的配位体为苯甲酸及 β-二酮。β-二酮与稀土离子配合物的通式见 1.2.2，稀土与苯甲酸配合物分子结构如图 2-22 所示，而加入协同体后，其三元配合物的结构图分别如图 2-23 和图 2-24 所示（以 phen 为协同体作为示例）。

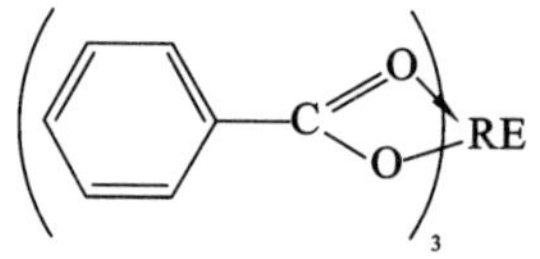

图 2-22　稀土与苯甲酸形成的配合物的结构图

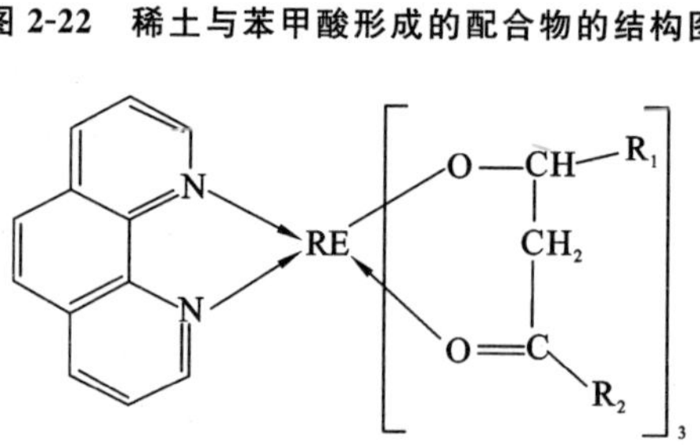

图 2-23　RE 离子-β-二酮-协同体三元配合物的结构图

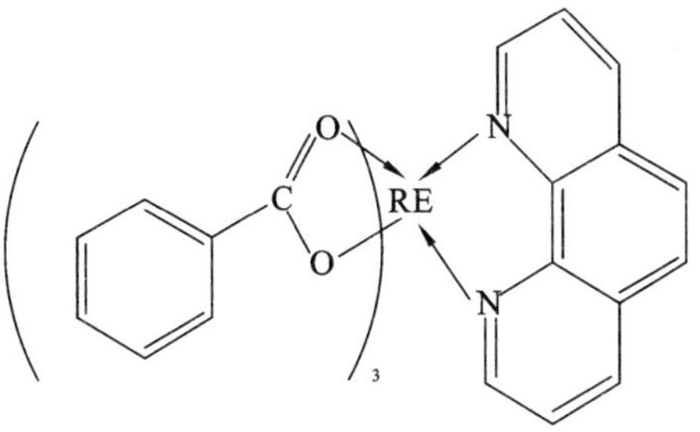

图 2-24 RE 离子-苯甲酸-协同体三元配合物的结构图

选择合适的有机配体,实现有机配体与稀土离子较好的能级匹配,获得有效的分子内传能,可望增强稀土有机配合物的荧光[25,48,58,86-89]。配体最低三重态能级与稀土离子激发态能级的匹配是中心稀土离子能否发光的主要因素;Sato 等人[90]的研究表明,有机配体三重态能级 T_1 与稀土离子激发态能级之间存在最佳匹配。当能差过小时,虽然配体磷光谱与稀土离子吸收谱重叠程度增大,但由于热激活过程,引起反跃迁(从稀土离子向 T_1 的传能)的概率也增加了;当能差过大时,则条件不利于配体磷光谱与稀土离子吸收谱的有效重叠。

原位合成的 Eu+BTA 二元配合物和 Eu+TTA 二元配合物具有较高的荧光强度,这说明 BTA 和 TTA 与 Eu 离子间的能级较匹配;Eu(Ⅲ)的 $^5D_0$ 能级为 17250 cm^{-1}[91],TTA 与 Eu^{3+} 的 $^5D_0$ 能差约为 3000 cm^{-1},属于较好的能级匹配。而 Eu+DBM 配合物的荧光很弱,几乎观察不到,但 DBM 与 Eu^{3+} 的 $^5D_0$ 能差也约为 3000 cm^{-1},其荧光不强可能与 DBM 的结构有关。β-二酮中取代基的特性对中心离子的发光有极重要的影响。R_1 基团为强电子给予体时发光效率明显提高,并有噻吩>萘>苯的影响次序。R_2 基团为—CF_3 时敏化效果最强,原因在于 F 的电负性高,可导致金属—氧键成为离子键。TTA 与 DBM 相比,其 R_1 基团为噻吩,R_2 基团为—CF_3,使形成的配合物的不对称性增大;而 DBM 的两个取代基均为苯环,两者结构的差异导致它们与稀土离子形成配合物后荧光强度差别很大。Eu+acac 和 Eu+HBA 二元配合物产生的荧光也不强,这也与能级不匹配有关。acac 和 HBA 与 Eu^{3+} 的 $^5D_0$ 能差分别约为 10000 cm^{-1} 和 8000 cm^{-1},能差过大,不利于配体磷光和稀土离子吸收谱的有效重叠,使配体增强稀土离子荧光的作用不强。表 2-5 列出了部分有机物的最低三重态能级及其与稀土离子的能级差。

表 2-5　部分有机物的最低三重态能级(T_1)及其与稀土离子的能级差(cm^{-1})[92-97]

有机物名称	TTA	DBM	acac	HBA	phen	dipy
T_1	20300	20520	25310	27400	22123	22940
与 Eu^{3+} 的 $^5D_0$ 能级差	3050	3270	8060	10150	4873	5690
与 Tb^{3+} 的 $^5D_4$ 能级差	−130	90	4880	6970	1693	2510

原位合成的 Tb+BTA 系列和 Tb+HBA 系列样品在 100 ℃时产生最强荧光,这一方面是由于水和乙醇的脱除后对荧光的猝灭作用减弱,另一方面也是由于这两个系列样品在 100 ℃时大量原位合成,而配合物的氧化分解相对较少。原位合成的 Tb+acac 系列样品,均在 150 ℃时产生最强荧光,说明这些配合物需在较高温度下才能大量原位合成,且其热稳定性比 Tb+BTA 和 Tb+HBA 系列的要高一些。Tb^{3+} 的 $^5D_4$ 能级为 20430 cm^{-1}[98],而 TTA 和 DBM 的三重态能级均较低,使它们与 Tb(Ⅲ)之间的能量差异过小(分别约为 −100 cm^{-1} 和 100 cm^{-1}),而使反跃迁概率增加,导致不能有效进行分子内传能,因此这两个系列的荧光均不强。HBA 和 acac 的三重态能级较高,与 Tb^{3+} 的 $^5D_4$ 能级比较匹配,其能差分别为 7000 cm^{-1} 和 4000 cm^{-1},因此,这两个系列样品的荧光较强。Tb+BTA 系列样品的荧光强可能也是这个原因。Tb 与 BTA、HBA 及 acac 系列均能较好地原位合成并产生较强的荧光,说明 BTA、HBA 和 acac 与 Tb(Ⅲ)的能级比较匹配,而 Tb+DBM 和 Tb+TTA 系列均不能产生较强荧光,说明 DBM、TTA 与 Tb(Ⅲ)之间的能级不是很匹配。

由以上实验结果可以推断,当配体的最低三重态与稀土离子能级差为 3000～7000 cm^{-1} 时,可以取得较好的分子内传能效果。

对于 β-二酮类稀土有机配合物,可利用协同试剂来增强稀土离子的特征荧光发射。协同试剂一般为路易丝碱,如邻菲咯啉(phen)、联吡啶(dipy)、三苯基氧化磷(TPPO)、正三辛基氧化磷(TOPO)等。协同试剂的增强原理可能有两个:

(1)起屏蔽作用。由于 Eu^{3+}、Tb^{3+}、Sm^{3+} 等稀土离子具有较高的配位数(6～8),它们与配体(如 TTA、BTA 等)以物质的量比 1∶3 螯合后,在水相中尚可能再配位两个水分子,配位水的存在可引起大的能量损失。路易丝碱具有良好的协同配位作用,它们取代上述配位水分子并以大的憎水基团将中心稀土离子保护起来,以减少水分子碰撞而造成的能量耗散,增强稀土离子的特征荧光发射。

(2)起一定的传能作用。协同试剂也含有发色团,该发色团也在 300 nm附近吸收紫外光,并将能量传递给中心稀土离子。

加入协同体 phen 后,Eu+BTA、Eu+TTA、Eu+HBA 及 Eu+acac 系列荧光增强;加入协同体 phen 或 dipy 后,Tb+BTA、Tb+HBA 和 Tb+acac系列荧光增强。这是由于协同体取代了二元配位化合物的配位水分子,使 RE—OH$_2$ 的振动消耗下降,因而体系的荧光增强,或者从分子内能量传递原理分析,协同体的三重态能级高于 Eu^{3+} 的 $^5D_0$ 能级和 Tb^{3+} 的 $^5D_4$ 能级,加强了配体—RE 的能量传递的可能性。整体来说 phen 的敏化作用强于 dipy 的,这是由于 phen 三个环共轭平面,使氮原子处有较高的电子云密度,便于配体与稀土离子键合时有较好的轨道交叠,更有利于能量的有效传递。此外,由于 dipy 在形成配合物后,其 2 个杂环之间的 C—C 单键仍有一定程度的自由旋转而耗散能量,因此 phen 的平面的刚性比 dipy 的大,使荧光强度比引入 dipy 时强[95,99]。TPPO 的平面刚性没有 phen 和 dipy 的强,可能是导致其没有起敏化作用的原因。

2.5　小　　结

(1) 与 Eu 离子原位合成具有较高的荧光强度的有机配体为 TTA 和 BTA,另外由于 HBA 也具有一定的荧光强度,并且价格较低廉,将在以后实验中继续使用。

(2) 与 Tb 离子原位合成具有较高的荧光强度的有机配体为 HBA、BTA 和 acac。

(3) 对 Eu 和 Tb 稀土离子掺杂的两个体系,phen 都是有效的敏化发光协同体,在今后的实验中继续使用。

(4) 对于含 Eu 离子样品,当其名义浓度为 0.7% 时,荧光最强;而对于含 Tb 离子样品,当其名义浓度为 0.28% 时,荧光最强,超过此浓度,荧光减弱,说明体系中发生了浓度猝灭。

3 无机基质对稀土配合物掺杂凝胶玻璃结构及性能的影响

在稀土配合物掺杂凝胶玻璃的制备过程中,各种条件都对无机基质的微结构有很大的影响,进而影响复合材料的性能。用常规水解聚合反应制备的无机凝胶中存在大量的微孔和有机基团,这些对于稀土配合物分子的发光性能和稳定性能都有一定的影响。另外,要实现有机/无机光功能材料的实用化,凝胶的玻璃化可能是解决问题的必不可少的步骤,单组分无机凝胶的玻璃化温度较高,玻璃化过程中可能会导致稀土有机配合物的分解。选择合适的凝胶组分,使凝胶组分多元化可以有效降低凝胶的玻璃化温度,这就为有效解决稀土有机配合物和无机基质之间的温度匹配提供了可能。同时凝胶玻璃基质的多元化也可能会优化基质的结构[74]。Al_2O_3 和 B_2O_3 在一定条件下,都可以成为网络形成体,作为凝胶玻璃的一种基质成分。本章将分别研究 Al_2O_3 和 B_2O_3 对稀土有机配合物掺杂凝胶玻璃结构及性能的影响。

3.1 Al_2O_3 对稀土有机配合物掺杂凝胶玻璃结构及性能的影响

溶胶-凝胶法以其温和的反应条件和灵活多样的操作方法,在制备凝胶玻璃方面得到了广泛应用[26]。溶胶-凝胶法能够有效地提高稀土离子的掺杂浓度,并使反应在分子水平上达到高度均匀性。但是这种方法并不能阻止热处理时掺杂离子的团聚,因而导致荧光强度降低。人们发现,共掺 Al_2O_3 有助于稀土离子在凝胶玻璃中均匀分布,从而提高荧光效率[98]。本部分所做实验就是在稀土三元配合物掺杂凝胶中掺入 Al_2O_3,并根据样品的荧光光谱找出其中的一些规律,确定 Al_2O_3 最佳的掺入量。

样品的制备过程同前,只是在制备完先驱液后,需向其中加入由

Al(NO$_3$)$_3$·9H$_2$O 配成的 0.1 mol/L 的 Al(NO$_3$)$_3$ 的乙醇溶液,然后再依次加入苯甲酸的乙醇溶液、1,10-菲咯啉的乙醇溶液和 0.1 mol/L 的 EuCl$_3$溶液。各样品铝含量见表 3-1。各样品中 Eu 的含量均相同,并且为了避免浓度猝灭的影响,各样品中 Eu 的含量为 0.035%,远低于使其荧光最强的最大含量。具体制备过程见图 3-1。

表 3-1　样品的编号及 Al$_2$O$_3$ 的含量

样品编号	A$_0$	A$_{0.5}$	A$_1$	A$_{1.5}$	A$_3$	A$_4$	A$_5$
Al(NO$_3$)$_3$·9H$_2$O 的用量(g)	0	0.7503	1.125	1.5006	2.2509	3.0012	3.7515
需用乙醇量(mL)	0	10	20	30	60	80	100
Al$_2$O$_3$ 含量(mol%)	0	0.5	1	1.5	3	4	5

注:Al$_2$O$_3$含量为 Al$_2$O$_3$相对于 SiO$_2$的物质的量百分数。

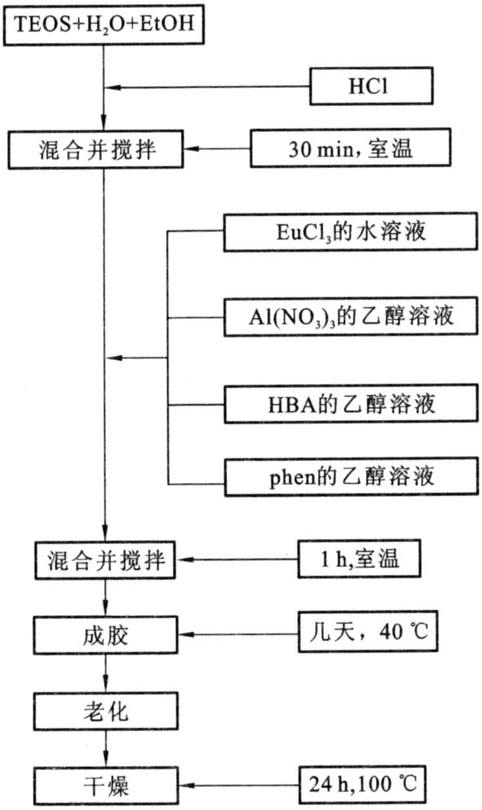

图 3-1　样品制备流程图

3.1.1　荧光光谱分析

在相同的测试条件下,将各样品磨成粉末进行激发光谱和发射光谱的测试,比较相同热处理后各样品的荧光光谱。在实验中发现将各样品在常温下以 20 ℃/h 的速率升温到 100 ℃,保温 24 h 后样品的荧光均为最强。

凝胶荧光随热处理温度不同出现差异,其原因是凝胶中存在吸附水和乙醇。由于凝胶玻璃特殊的结构,其中的水和乙醇并不能在室温条件下完全除净,而它们对 Eu^{3+} 的发光有强烈的猝灭作用。缓慢升温并在 100 ℃ 保温有利于吸附水和乙醇的蒸发,凝胶中的水和乙醇大部分都可除净,发射强度为最大。另外,Eu^{3+} 与 N 原子的亲和力小于 O 原子,在水溶液中,Eu^{3+} 与水的相互作用很强,而 1,10-菲咯啉是弱碱性的氮给予体,它不能与水竞争而取代水,因而在水基介质中很难制得 Eu^{3+} 的1,10-菲咯啉配合物[92]。因此,采用传统的 sol-gel 工艺无法将稀土的 phen 配合物与 SiO_2 凝胶玻璃进行光学均匀复合。本实验利用原位化学合成法合成了三元配合物掺杂的凝胶玻璃。1,10-菲咯啉是一类含氮芳香杂环化合物,作为色团在紫外区具有较强的吸收能力,能有效地传递能量,是常用的协同配体,正是这种"协同效应"显著提高了配合物的发光强度。当热处理温度继续升高后,稀土有机配合物的氧化和分解,反而使凝胶样品的荧光强度降低。

图 3-2 是各样品的激发光谱。大部分样品的激发光谱均以 200～400 nm范围内的宽带代替了稀土离子的特征窄带激发光谱,并有少量小峰相互叠加,表明在凝胶玻璃中确已存在着配合物,因为只有有机配体才有可能在网络结构并不完整的凝胶玻璃基质中出现甚少振动结构的宽带激发谱,同时也表明有机配体苯甲酸和 phen 可以将吸收到的紫外光能量传递给稀土离子[84]。图 3-3 是以 Al_2O_3 相对于 SiO_2 的物质的量百分含量为横坐标,相应的最大激发峰强度值为纵坐标作的强度图,从图中我们发现只有掺入的 Al_2O_3 的物质的量适当(本实验中为 4 mol%)时,才能得到最佳的激发光谱。

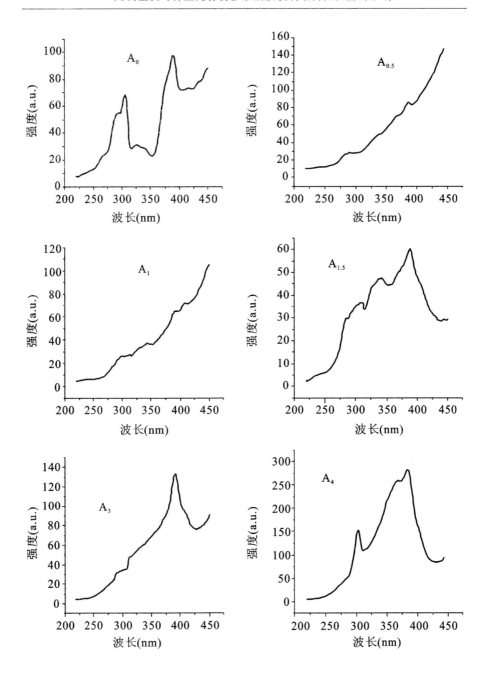

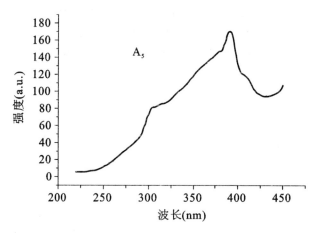

图 3-2　不同 Al₂O₃掺量的稀土三元配合物掺杂凝胶玻璃的激发光谱

注：监测波长为 616 nm 且各样品均经 100 ℃/24 h 热处理。

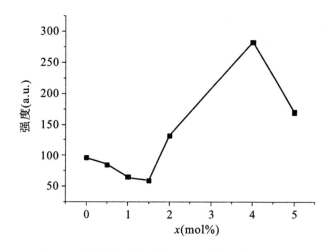

图 3-3　最强激发峰强度随 Al₂O₃掺量变化的折线图

比较各样品在 100 ℃热处理 24 h 后再在室温测量的荧光光谱，发现各样品发射图谱形状大致相似，只是各发射峰的强度有区别。图 3-4 为 Al₂O₃不同掺量的含稀土三元配合物凝胶玻璃的发射光谱。从图 3-4 中可看到，616 nm 是 Eu^{3+} 特征荧光最强发射峰，对应于 $^5D_0 \sim ^7F_2$ 跃迁的特征发射，另外部分样品还可以观察到位于 590 nm 的发射峰，它对应于 $^5D_0 \sim ^7F_1$ 跃迁的特征发射。Al₂O₃掺量的不同对 616 nm 峰的强度产生了很大的影响。图 3-5 是以 Al_2O_3 相对于 SiO_2 物质的量百分含量为横坐标，相应的 616 nm 峰强度值为纵坐标作的强度图，从图中我们可直观地看到 Al_2O_3 的含量为 4 mol% 时为最佳，对 616 nm 峰强度的提高影响最大。

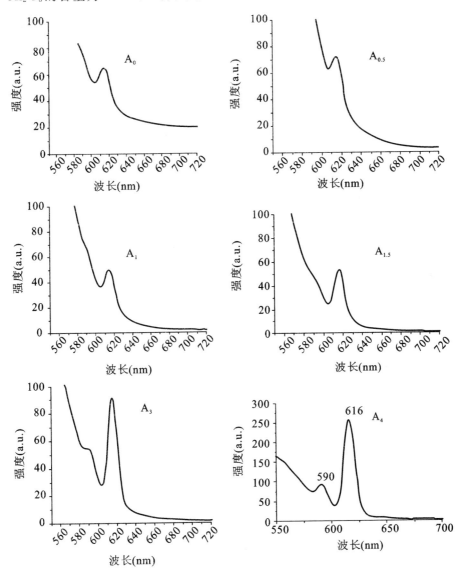

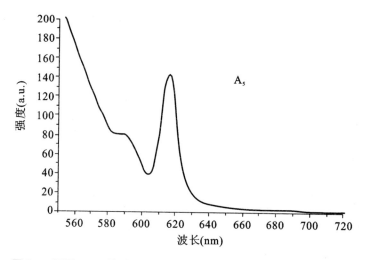

图 3-4　不同 Al$_2$O$_3$ 掺量的稀土三元配合物掺杂凝胶玻璃的发射光谱

注:各样品均经 100 ℃/24 h 热处理。

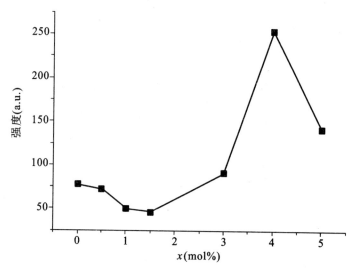

图 3-5　616 nm 峰强度随 Al$_2$O$_3$ 掺量变化的折线图

3.1.2　凝胶结构分析

图 3-6 和图 3-7 分别为 A$_4$ 凝胶样品经 100 ℃/24 h 热处理后的 XRD 和 SEM 图。由图 3-6 可见,在 23.24°左右有一个宽峰,表明样品为非晶

态。由图 3-7 可见,样品为多孔非晶态结构。其他样品与 A₄ 样品具有相似的形貌。

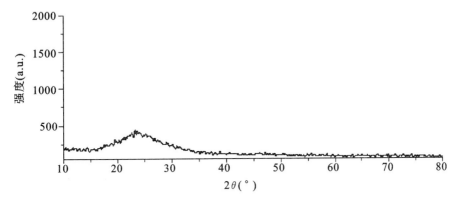

图 3-6　A₄ 样品的 XRD 图

图 3-7　A₄ 样品的 SEM 图

图 3-8 为 SiO₂ 凝胶玻璃,A₀、A₄、A₄ʙ 样品和纯 Eu(HBA)₃phen 配合物粉末的红外光谱对比图。由图可见,各玻璃样品的图谱与纯 SiO₂ 玻璃的图谱没有明显的区别,其中 1086 cm⁻¹ 左右处的强吸收峰来自于 Si—O—Si 键的非对称伸缩振动,794 cm⁻¹ 和 459 cm⁻¹ 附近的吸收峰来自于 Si—O—Si 键的弯曲振动,556 cm⁻¹ 左右的弱吸收峰或肩峰由结构缺陷引起,944 cm⁻¹ 左右处的吸收峰对应于 Si—OH 键的非对称伸缩振动,

3465 cm^{-1} 附近的宽吸收峰来自于—OH 的特征振动,1641 cm^{-1} 附近的吸收峰则来自于吸附水。而三元配合物 Eu(HBA)$_3$phen 的特征吸收峰在原位合成的凝胶玻璃中并没有出现。在硅酸盐玻璃中,Al^{3+} 有两种配位状态,即位于四面体或八面体中。场强较大的阳离子对 Al^{3+} 的配位状态有一定的影响,由于它们有与氧离子结合的倾向,干扰了 Al^{3+} 的四配位,因此 Al^{3+} 就有可能作为网络外体处于八面体之中[100]。在掺有 Al$_2$O$_3$ 的 SiO$_2$ 凝胶玻璃中,Al 作为玻璃调整体(六配体状态),而不是作为玻璃形成体(四配位状态)[56],在 SiO$_2$ 玻璃中掺入的稀土离子 Eu^{3+} 也是作为玻璃调整体,它将会优先填充在铝离子周围,以形成 Al—O—Eu 键,因此 Eu 离子间间距会加大,分布也更加均匀。采用 SiO$_2$—Al$_2$O$_3$ 基质代替 SiO$_2$ 基质主要是利用 Al$_2$O$_3$ 来包裹并分散稀土离子,形成笼效应,防止 Eu^{3+} 及其配合物以聚集态存在造成其浓度猝灭而使荧光强度降低,从而提高了荧光强度[57]。随着 Al$_2$O$_3$ 的掺入量增加到 4 mol% 时,体系的荧光最强。当 Al$_2$O$_3$ 的掺杂量继续增加时,Eu(Ⅲ)的发光强度有所下降,可见 Al$_2$O$_3$ 的掺杂量有一个最佳值,大于此值后,再添加 Al$_2$O$_3$ 对 Eu 的发光强度影响不大。在 Al$_2$O$_3$ 的加入量小于 1.5 mol% 时,随着含量的增加,Eu 的发光强度下降,这可能是由于 Al$_2$O$_3$ 的加入,使 Eu 的浓度降低导致其荧光减弱。

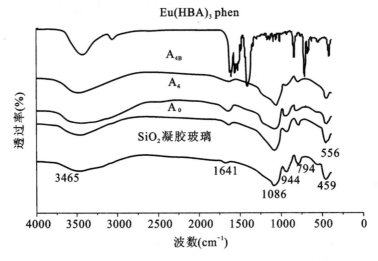

图 3-8　SiO$_2$凝胶玻璃,A$_0$、A$_4$、A$_{4B}$样品和纯 Eu(HBA)$_3$phen 配合物粉末的红外光谱对比图

注:A$_{4B}$为 A$_4$样品经 100 ℃/24 h 热处理后的样品,其余为未经热处理样品。

3.2　B_2O_3 对稀土配合物掺杂凝胶玻璃结构及性能的影响

仅含有 B_2O_3 和 SiO_2 成分的熔体,由于它们的结构不同(前者是层状结构,后者是架状结构),因此用传统的高温熔融法是不可混溶的,难以形成均匀一致的熔体。在高温冷却过程中,将各自富集成一个体系,形成互不溶解的两层玻璃(分相)[100]。但是采用溶胶凝胶法就使制备仅含有B_2O_3和 SiO_2 成分的凝胶玻璃成为可能[101]。另外,张勇[102]等人的研究表明,在 B_2O_3—SiO_2 凝胶玻璃中,由于系间窜跃容易发生,所以有机配体向 Eu^{3+} 的能量传递效率较高,发光获得大幅度的增强。因此本节将讨论 B_2O_3 的加入对于原位合成稀土有机配合物的凝胶系统结构及性能的影响。

样品的制备方法同前,各成分的物质的量比为(TEOS＋HBO_3)：C_2H_5OH：H_2O=1：4：4,RE^{3+}：HBA：phen=1：3：1,RE 选取 Eu 及 Tb,其相对于(TEOS＋HBO_3)的名义浓度为 0.035％,远低于使样品产生浓度猝灭的浓度,以减少浓度猝灭对实验的影响。各样品的 B_2O_3 含量见表 3-2,其中含 Eu 样品用 E 表示,其下标表示 B_2O_3 含量;含 Tb 样品用 T 表示,其下标也表示 B_2O_3 含量。具体制备过程见图 3-9。所得样品均为均匀透明的块状。

表 3-2　各样品的 B_2O_3 含量及其编号

样品编号	E_0	E_5	E_{10}	E_{15}
	T_0	T_5	T_{10}	T_{15}
H_3BO_3用量(g)	0	0.6183	1.2366	1.8540
B_2O_3 含量(mol％)	0	5	10	15

注：B_2O_3 含量为 B_2O_3 相对于 SiO_2 的物质的量百分数。

3.2.1　荧光光谱分析

在相同的测试条件下,将各样品磨成粉末进行激发光谱和发射光谱的测试。比较在不同温度热处理后样品的荧光光谱,发现在室温时样品

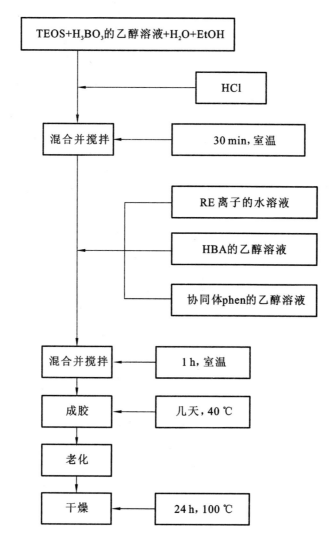

图 3-9　含 B₂O₃ 样品合成过程示意图

的荧光较弱。这一方面可能是由于稀土配合物未原位合成，另一方面是由于吸附水大量存在。在常温下以 20 ℃/h 的速率升温到 100 ℃ 并保温 24 h 后样品的荧光均为最强。随着热处理温度继续升高，样品的荧光开始减弱。这可能是由于稀土配合物在高温下不稳定而开始分解。各样品的荧光发射光谱见图 3-10 和图 3-11（所有样品均经 100 ℃/24 h 热处理）。

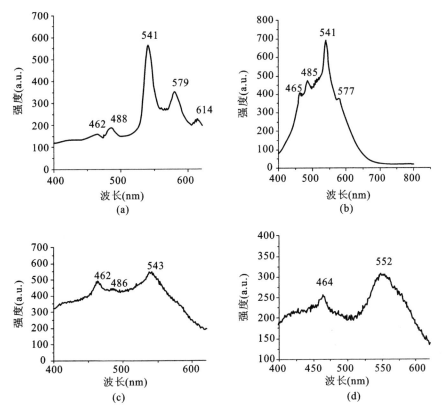

图 3-10　掺 Tb 含 B₂O₃ 系列样品的荧光光谱图

(a)T₀；(b)T₅；(c)T₁₀；(d)T₁₅

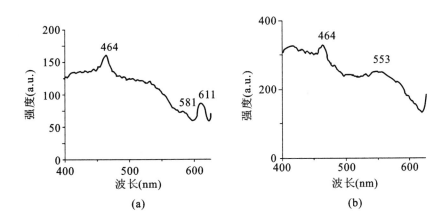

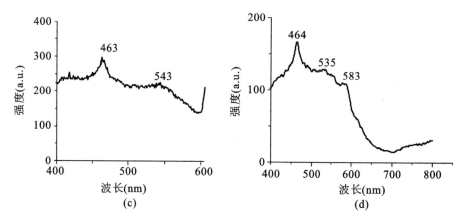

图 3-11　掺 Eu 含 B₂O₃ 系列样品的荧光光谱图

(a)E₀；(b)E₅；(c)E₁₀；(d)E₁₅

由图 3-10 可见,对于含 Tb 样品,可以观察到位于 488 nm、541 nm、579 nm 和 614 nm 左右的荧光发射峰,它们分别对应于$^5D_4 \sim ^7F_J(J=6,5,4,3)$跃迁的发射,而 541 nm 是 Tb^{3+} 特征荧光最强发射峰,它对应于$^5D_4 \sim ^7F_5$跃迁的特征发射。随着凝胶玻璃中 B₂O₃ 含量的增多,Tb^{3+} 的发射峰数量由 4 变 0,且峰的形状变宽,这些说明 B₂O₃ 的引入使荧光猝灭。由图 3-11 可见,对于含 Eu 的样品,可以观察到位于 611 nm 的荧光发射峰,611 nm 是 Eu^{3+}特征荧光最强发射峰,对应于$^5D_0 \sim ^7F_2$跃迁的特征发射,另外还可以观察到位于 590 nm 的发射峰,它对应于$^5D_0 \sim ^7F_1$跃迁的特征发射。而 460 nm 和 552 nm 左右的峰为凝胶玻璃本身的荧光发射峰。随着凝胶玻璃中 B₂O₃ 含量的增多,Eu^{3+} 的发射峰数量由 2 变为 0,且峰的形状变宽,这些说明 B₂O₃ 的引入使荧光猝灭,与含 Tb 稀土有机配合物掺杂玻璃具有相同的结论。

3.2.2　凝胶结构分析

图 3-12 和图 3-13 分别为 T₅ 凝胶样品的 XRD 图和 SEM 图。由图 3-12 可见,在 23°左右有一个宽峰,表明样品为非晶态。由图 3-13 可见,样品为多孔非晶态结构。其他样品与 T₅ 样品具有相似的形貌。

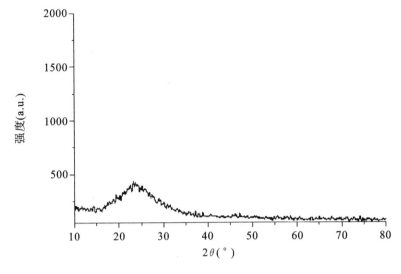

图 3-12 T_5 样品的 XRD 图

图 3-13 T_5 样品的 SEM 图

采用红外光谱来分析掺入 B_2O_3 以后凝胶玻璃结构的变化,由图 3-14 可见 T_0、T_5、T_{10}、T_{15} 与纯 SiO_2 凝胶玻璃的红外光谱比较相似,表明它们均有类似的网状结构。各吸收峰对应的振动基团列于表 3-3 中,$Tb(HBA)_3$ phen 配合物的特征吸收峰在凝胶玻璃中没有观察到。

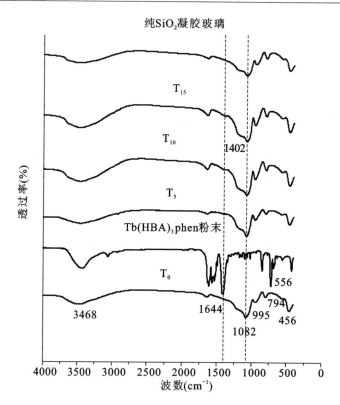

图 3-14　SiO₂ 凝胶玻璃，T₀、T₅、T₁₀、T₁₅ 样品和 Tb(HBA)₃phen

配合物的红外光谱对比图

表 3-3　基团振动表征[80,101,103]

吸收频率/cm⁻¹	表征	结构单位
3456	OH 基团(s)	—OH
1640	吸附水	H_2O
1400~1300	B—O—B(as-s)	[BO_3]
1080	Si—O—Si(s-s)	[SiO_4]
1100~850	B—O—B(as-s)	[BO_4]
953	Si—OH(as-s)	Si—OH
795	O—Si—O(b)	
566	结构缺陷	
456	O—Si—O(b)	

注：as-s：不对称伸缩振动；s：伸缩振动；s-s：对称伸缩振动；b：弯曲振动。

对于含 B_2O_3 的样品，B_2O_3 可形成具有层状结构的 $[BO_3]$ 三面体，但是在一定条件下，也会形成 $[BO_4]$ 四面体。而 SiO_2 玻璃的基本结构单元是硅氧四面体，玻璃被看作是由硅氧四面体为结构单元的三度空间网络所组成的，但其排列是无序的，缺乏对称性和周期性。图 3-15 为低 pH 值下 SiO_2 凝胶的结构示意图[104]。从红外光谱可见，含硼样品在 1400 cm^{-1} 左右有肩峰或弱吸收峰，这是 $[BO_3]$ 中 B—O—B 键的对称振动。随着 B_2O_3 含量的增加，该峰强度提高。若 $[BO_4]$ 存在，则 $[BO_4]$ 中 B—O 键的振动峰位于 1100～850 cm^{-1}，与 $[SiO_4]$ 中 Si—O 键振动峰接近，因此两个振动峰会相互叠加，使振动增强。在实验中，随着 B_2O_3 含量的增多，1080 cm^{-1} 吸收峰强度变化不大，说明 $[BO_4]$ 的含量没有增加。因此，综合这两方面的因素，可以推断随着 B_2O_3 含量的增多，更多 $[BO_3]$ 出现，会使玻璃结构变得更加不均匀，也使原位合成配合物荧光减弱。这个结果与张勇[102]等人的结论相反。

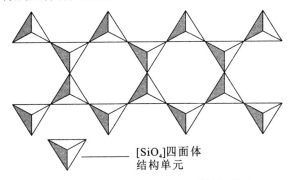

[SiO₄]四面体
结构单元

图 3-15　低 pH 值下 SiO_2 凝胶的结构模型

3.3　小　　结

（1）采用原位合成技术，用溶胶-凝胶法制备了稀土有机配合物掺杂的二氧化硅玻璃。在凝胶玻璃中掺入适量的 Al_2O_3，Al^{3+} 对 Eu^{3+} 发射峰的位置没有明显的影响，但它能使 Eu 离子及原位合成的配合物的分布更为均匀，减弱浓度猝灭效应，使有机配合物在凝胶中的荧光强度提高。

（2）当 Al_2O_3 含量为 4 mol% 时，样品的荧光强度最大。

（3）在凝胶玻璃中掺入适量的 B_2O_3 后，随着 B_2O_3 含量的增多，玻璃结构变得更加不均匀，原位合成配合物的荧光也随之减弱。

4 有机改性剂对含稀土配合物的 凝胶玻璃结构及其性能的影响

4.1 有机改性的提出

凝胶玻璃是一种多孔材料,运用传统的溶胶-凝胶法制备的样品易在热处理过程中脆裂,力学性能和柔韧性均很差,不能直接抛光得到所需的光学面;此外,凝胶玻璃的多孔性也能导致较大的光学散射损失。凝胶在干燥时很容易开裂,这是因为凝胶是由固态网络和含液相的孔组成的,在干燥过程中,首先凝胶表面覆盖的液相蒸发,固相暴露出来。由于液相浸润固相,液相趋于覆盖固相表面并产生毛细管作用。随着液相不断地蒸发,凝胶在毛细管力作用下发生收缩,坚硬程度提高,固态网络变得结实。当凝胶强度提高到毛细管力作用不能使其收缩时,表面液相弯曲面向凝胶内部推进。孔越大,液面弯曲程度越大,使得蒸汽压增大,蒸发加快。毛细管力与孔径的关系公式[105]为:

$$\Delta P = 2\gamma(\cos\theta)/r \tag{4.1}$$

其中,ΔP 为毛细管力改变量;γ 为气液界面表面能;θ 为关联角;r 为孔径。

如果大孔与一些小孔连通着,由式(4.1)可知,小孔中有较大的毛细管力作用,因而使大孔中液体被吸入到小孔里以补充蒸发的液体,这样大孔中的液体进一步迁移进凝胶体内,以致大孔干燥加快。当大孔干燥完成而其周围的小孔仍充满液相时,表面张力作用使得小孔周围发生收缩,这样常常使大孔底部产生应力集中,当应力集中足够大时,微裂纹扩展,因此含有不同孔径的凝胶干燥时容易开裂[106]。

目前防止凝胶开裂主要有如下一些措施:

(1) 在前驱体溶液中加入有机聚合物,如聚乙烯醇(PVA)等,可使溶液黏度加大,且可防止由于应力松弛而形成的裂缝[107]。

（2）在前驱体溶液中加入交联剂（如乙二醇），将有机聚合分子链引入到无机网络中。

（3）添加表面活性剂，可以降低毛细管力作用从而减小应力集中。

（4）控制水解与聚合反应的速率，从而得到单分散的孔径。

（5）采用超临界干燥法。超临界干燥是在溶剂的临界温度和压力以上干燥，此时没有毛细管力作用，从而有效防止应力集中[108]。

（6）在起始溶液中加入干燥控制化学添加剂（Drying Control Chemical Additives，DCCA），如甲酰胺、丙三醇和草酸等。它们能促使凝胶的网络孔道均匀，产生比较均匀的凝胶孔结构，从而避免凝胶在干燥过程中由于应力不均而引起的收缩和破碎[109]。

（7）近年来发展出有机改性硅酸盐玻璃（Organic Modified Silicate，Ormosil）[62-69]。Ormosil 可以看作一种无机玻璃和有机高分子的复合。其中有机和无机组分在连续无规则的网络中达到了化学键的结合而绝非物理混杂。这些有机改性的硅酸盐表现出较低的气孔率和较高的力学性能，因而可以切割、打磨和抛光，是一种理想的固体基质。

以上方法相比较而言，Ormosil 方法简便易行，且具有较好的效果。目前使用的有机改性剂先驱体分两类[62]：一类是在无机网络形成过程中填充于微孔中，在孔隙中单体原位聚合成低分子量的聚合物，如甲基丙烯酸甲酯（Methyl Methacrylate，MMA）在引发剂和热、光催化下缩聚成 PMMA。研究表明，PMMA 链是通过硅醇基（Si—OH）与羰基间的氢键在 SiO_2 表面形成一层"碎片"（Patch-like）状 PMMA。PMMA 的柔韧性较好，复合后，材料的力学性能得到了很大改善。但 PMMA 的玻璃转变温度只有 70 ℃左右，因此 PMMA 改性的 SiO_2 凝胶玻璃无法进行理想的热处理。另一类有机改性剂先驱体能参与水解-缩聚反应，并与无机网络以化学键连接。已被研究的有甲基三甲氧基硅烷（MTMS）、乙烯基三乙氧基硅烷（VTES）、γ-缩水甘油氧基三甲氧基硅烷[$CH_2OCHCH_2O(CH_2)_3$-$Si(OCH_3)_3$]（GPTMS）、γ-缩水甘油醚基丙三甲基硅烷（GLYMO）等[110]。GPTMS 虽能参与水解-缩聚反应，并通过脱水反应与有机网络化学键合，使有机基团均匀分散于无机网络中，但 GPTMS 的有机基团较复杂，振动吸收较强而降低透光性。在无机网络中引入最简单的有机基团—CH_3，可以提高有机基团在凝胶玻璃中热稳定性，给凝胶玻璃的热处理提供可能。同时,憎水基团甲基和乙烯基的存在还可降低毛细管压力,减小凝胶网络的内应力,因此可改善凝胶玻璃的力学性能。

用上述有机改性剂制备的材料的韧性有明显改善,此外合适的有机改性基团的引入可以改善有机光学活性物质与无机基质之间的化学相容性,使有机光学活性物质在无机基质中有效均匀掺杂,从而增强发光性能。但是经有机改性后,材料的光学加工性能仍不是很好。而有机成分过多,则会削弱无机材料固有的优良性能。因此,在保持湿化学工艺制备的无机材料本身优良特性的前提下,如何提高其光学加工性能,还需在有机改性剂的选择、制备工艺的确定等方面进行大量系统的研究工作。

本实验选取了一些用得较多、改性较好,且相对来说结构较简单,并且有代表性的有机改性剂,分别为甲基改性、乙烯基改性及环氧基团改性的材料。因此就采用了 MTMS、VTES、GPTMS 这三种有机改性剂,研究不同有机改性剂对凝胶玻璃荧光性能、热稳定性能及机械性能的影响(对各样品的机械性能没有具体测试,仅从样品的外观进行推断;对于样品的热稳定性能是通过它们在不同温度热处理后的荧光强弱来进行比较的)。

4.2　荧光强的 Eu-TTA-phen 掺杂体系 有机改性剂的选择

4.2.1　GPTMS、VTES 和 MTMS 有机改性样品的制备

将 Eu_2O_3 溶于适量浓盐酸中,并加热蒸干,得到 $EuCl_3 \cdot 6H_2O$ 晶体,将其溶于一定量的去离子水中,配成 $0.1\ mol/L$ 的 $EuCl_3$ 溶液。将物质的量分别为 $0.1\ mol$、$0.4\ mol$、$0.4\ mol$ 的 Ormosil(TEOS+有机改性剂)、C_2H_5OH、去离子水混合,用浓 HCl 调节 pH 值到 2 左右,快速搅拌30 min 制得先驱液后,以 Eu^{3+}、TTA、phen 的物质的量比为 $1:3:1$ 的比例依次加入 TTA 的乙醇溶液、phen 的乙醇溶液和 $0.1\ mol/L$ 的 $EuCl_3$ 溶液,继续搅拌 1 h 后,倒入塑料烧杯用薄膜封口,置于 40 ℃烘箱中,每日扎 2～3 个孔,直至完全干燥。各样品的成分及其编号见表 4-1～表 4-3。

本实验中各样品 Eu 离子含量均相同,为 0.035%(名义浓度),远低于它们可能发生浓度猝灭的浓度,以减少浓度猝灭对实验结果的影响。

表 4-1 MTMS 有机改性各样品的名称和成分

样品名称	M0	M20	M40	M50	M60	M80	M100
MTMS 含量(%)	0	20	40	50	60	80	100

注:$MTMS\ 含量 = \dfrac{MTMS\ 的物质的量}{MTMS\ 的物质的量 + TEOS\ 的物质的量}$。

表 4-2 VTES 有机改性各样品的名称和成分

样品名称	V0	V20	V40	V50	V60	V80	V100
VTES 含量(%)	0	20	40	50	60	80	100

注:$VTES\ 含量 = \dfrac{VTES\ 的物质的量}{VTES\ 的物质的量 + TEOS\ 的物质的量}$。

表 4-3 GPTMS 有机改性各样品的名称和成分

样品名称	G0	G20	G40	G50	G60	G80	G100
GPTMS 含量(%)	0	20	40	50	60	80	100

注:$GPTMS\ 含量 = \dfrac{GPTMS\ 的物质的量}{GPTMS\ 的物质的量 + TEOS\ 的物质的量}$。

4.2.2　分析测试

4.2.2.1　样品外观形貌观察

纯 TEOS 样品凝胶时间较短,约数天就成为凝胶,且样品较透明,为淡黄色,但样品碎裂厉害;含 VTES 和 MTMS 的样品凝胶时间也不长,但当它们的含量超过 50% 后,样品易失透。对于未失透样品,即 VTES 或 MTMS 含量小于 50% 的样品,样品虽有碎裂,但碎块比较大;而含 GPTMS 的样品凝胶时间很长,约需一个多月,凝胶的透光性比上述样品的略差,随着 GPTMS 含量的增加,样品颜色逐渐变深,最后为深褐色;凝胶样品的碎裂也逐渐减少,当 GPTMS 含量超过 50% 以后,即可制得整块的样品,且凝胶不易与杯壁脱离,有较大的弹性和韧性,易于对样品进行再加工。因此各有机改性剂改善凝胶柔韧性的顺序为 GPTMS＞MTMS 和 VTES＞TEOS。

4.2.2.2 XRD 和 SEM 分析

图 4-1 为 M50 样品的 XRD 图。由图 4-1 可见,在 23°左右有一个宽峰,表明样品为非晶态。其他未失透样品具有相似的图谱。图 4-2 为不同 GPTMS含量样品的 XRD 图。由图 4-2 可见,随着 GPTMS 含量的增加,23°左右的宽峰逐渐向低角度变化,同时峰形也逐渐变尖锐,也说明 GPTMS 的加入引起了凝胶玻璃结构的改变。图 4-3 为 G50 样品的 SEM 图,由图 4-3 可见,样品仍为非晶态多孔结构。其他样品与 G50 样品具有相似的结构与形貌。

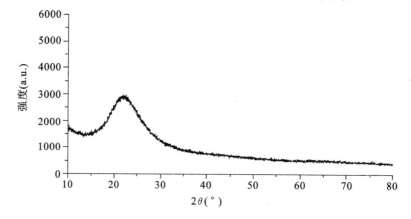

图 4-1 M50 样品的 XRD 图

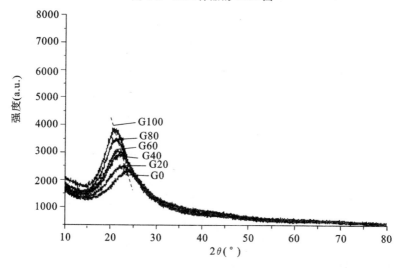

图 4-2 不同 GPTMS 含量样品的 XRD 图

图 4-3　G50 样品的 SEM 图

4.2.2.3　TG-DSC 分析

图 4-4 为不同 GPTMS 含量样品及 Eu-TTA-phen 配合物的 TG-DSC 图谱。由图 4-4(a)可知,对于不含 GPTMS 的 G0 样品,凝胶在 92.8 ℃产生一个大的吸热峰,对应于凝胶中物理吸附水和溶剂乙醇的脱附。160 ℃以后凝胶基本均匀慢速失重,这一方面是由于硅酸的进一步缩聚而产生水的逸出,逐步形成 SiO_4 四面体三维网络结构;另一方面,凝胶中掺杂物一边随着温度升高而逐步原位合成,一边产生氧化分解,两者的综合作用使凝胶缓慢均匀失重。对 G50 样品,未观察到凝胶中物理吸附水和溶剂乙醇的脱附而产生的吸热峰,而是直接在 284.3 ℃产生一个尖锐的放热峰,同时凝胶快速失重,至 380 ℃以后凝胶的失重趋于平缓。对于 G100 样品,也未观察到凝胶中物理吸附水和溶剂乙醇的脱附而产生的吸热峰,在 209.4 ℃产生一个尖锐的放热峰,在 285.7 ℃还有一个小的放热峰,同时凝胶快速失重,至 550 ℃以后凝胶的失重才趋于平缓。由图 4-4(d)可见,245.4 ℃和 282.9 ℃出现两个吸热峰,由于伴随着较大的失重,在 338.6 ℃和 508.6 ℃出现放热峰,此过程为配合物的氧化、分解燃烧过程,在 580 ℃以后曲线趋于平缓。由此可见,随着 GPTMS 含量的增加,凝胶基质的碳化及掺杂有机配合物的分解温度逐渐降低,说明了 GPTMS 的加入使凝胶的热稳定性降低。同时还可以推断 GPTMS 具有与 TEOS 不同的水解缩聚机理,本书将在后面部分加以说明。

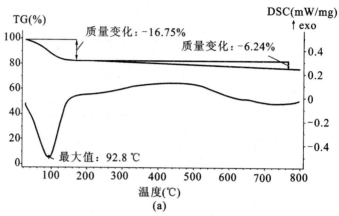

(a)

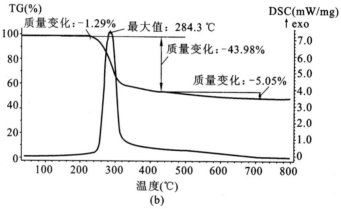

(b)

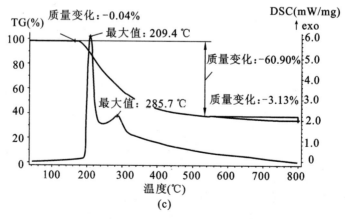

(c)

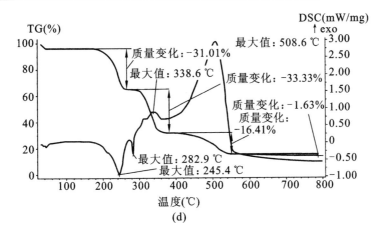

图 4-4　不同 GPTMS 含量样品及 Eu-TTA-phen 配合物的 TG-DSC 图谱
(a)G0；(b)G50；(c)G100；(d)Eu-TTA-phen 配合物

4.2.2.4　荧光光谱分析

在相同的测试条件下,对粉末样品进行发射光谱的测试,比较各样品的发射光谱,发现各样品的图谱形状大致相似,只是各发射峰的强度有区别。这是因为它们均为铕离子的特征荧光峰。为了清楚地测出各主要荧光峰,测试时相应调整了入射狭缝和出射狭缝的尺寸。图 4-5 作出了不同 GPTMS 含量样品在室温充分陈化后的荧光光谱。由图 4-5 可知,图中含有 4 个铕离子的特征荧光发射峰,其波长分别为 586 nm、609 nm、650 nm 和 696 nm,分别归属于 Eu^{3+} 的 $^5D_0 \rightarrow {}^7F_1$、$^5D_0 \rightarrow {}^7F_2$、$^5D_0 \rightarrow {}^7F_3$ 和 $^5D_0 \rightarrow {}^7F_4$ 跃迁[76],在 609 nm 处的荧光强度最强。

在实验中发现,随着 GPTMS 含量的增加,样品在室温时的荧光增强,但随着热处理温度升高到 100 ℃/24 h,其荧光强度迅速降低,且只出现 2 个 Eu 离子的荧光发射峰;以后随着热处理温度继续升高,样品的荧光强度继续降低,而且样品的颜色也逐渐变深,由浅褐色变为近黑色。图 4-6～图 4-8 为不同有机改性剂含量样品经不同温度热处理后其 609 nm 处荧光峰强度的变化图。由图 4-7、图 4-8 可见,对于 MTMS 和 VTES 有机改性的样品,当有机改性剂的量不超过 50% 时,随着有机改性剂含量的增加,样品的荧光强度增强。各样品在室温时的荧光强度与未有机改性的 TEOS 凝胶样品相似,具有较弱的 Eu 离子的荧光峰甚至没有

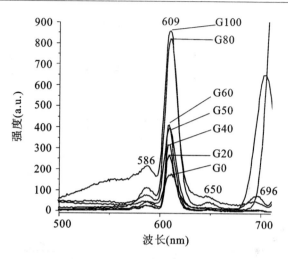

图4-5　不同 GPTMS 含量的样品在室温时的荧光发射光谱

Eu 离子的荧光峰,但随着热处理温度升高到 100 ℃/24 h,出现 2～3 个 Eu 离子的特征荧光峰,且其荧光强度提高。各样品的荧光发射光谱与 GPTMS 有机改性图谱相似,只是发射峰的个数少一些,峰的强度弱一些,本书从略。随着热处理温度继续升高,各样品的荧光强度开始缓慢下降,到 140 ℃/24 h 热处理后,各样品的荧光强度已经很低了。相比较而言,MTMS 比 VTES 有机改性增强荧光的作用要强。

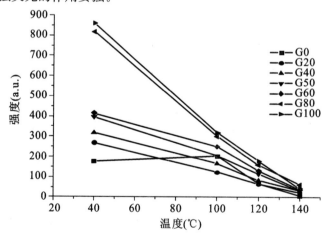

图4-6　不同 GPTMS 含量样品经不同温度热处理后其 609 nm 处
荧光峰强度的变化图

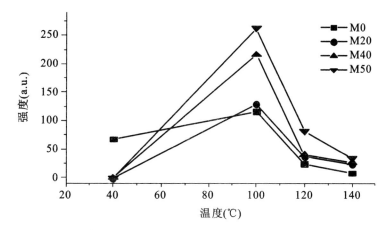

图 4-7 不同 MTMS 含量样品经不同温度热处理后其 609 nm 处荧光峰强度的变化图

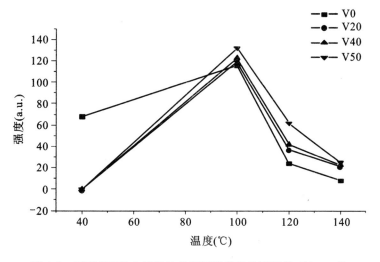

图 4-8 不同 VTES 含量样品经不同温度热处理后其 609 nm 处荧光峰强度的变化图

4.2.2.5 有机改性剂的最佳含量

对于 MTMS 和 VTES,其最大和最佳含量为 50%,使样品具有较好的性能。对于 GPTMS,虽然其含量增加,能大幅增强样品的荧光和机械性能,但是 GPTMS 含量过多,使凝胶时间过长,而且也使样品的热稳定性变差,样品不能承受较高温度的热处理,并使样品的透光性降低。综合考虑发现,当 GPTMS 含量为 50% 时,也可以制得整块不开裂的凝胶样品且样品的荧光、热稳定性及机械性能都较好,因此 50% SiO_2 GPTMS 有机改性是较好的含量。

4.2.2.6 IR 分析

图 4-9 为无有机改性的 SiO_2 凝胶玻璃,G0、G100、M50 样品及三元配合物 Eu(TTA)$_3$phen 粉末的 IR 图谱。由图 4-9 可见,纯 SiO_2 凝胶玻璃的图谱显示此凝胶玻璃为网状结构,其中 1086 cm^{-1} 左右处的强吸收峰来自于 Si—O—Si 键的非对称伸缩振动,794 cm^{-1} 和 459 cm^{-1} 附近的吸收峰来自于 Si—O—Si 键的弯曲振动,556 cm^{-1} 左右的弱吸收峰或肩峰为结构缺陷引起,944 cm^{-1} 左右处的吸收峰对应于 Si—OH 键的非对称伸缩振动,3465 cm^{-1} 附近的宽吸收峰来自于—OH 的特征振动,1641 cm^{-1} 附近的吸收峰则来自于吸附水。而三元配合物 Eu(TTA)$_3$phen 的特征吸收峰在原位合成的凝胶玻璃中并没有出现。MTMS 有机改性样品的图谱除具有上述特征振动峰外,还具有—CH$_3$ 的几个吸收带(2978 cm^{-1},2931 cm^{-1},1412 cm^{-1},1277 cm^{-1},778cm^{-1})[74,111],说明在无机网络中已引入有机基团甲基,且甲基已对无机网络进行了有机改性。而 GPTMS 有机改性样品的图谱除了具有与 TEOS 凝胶相同的上述特征振动峰外,也还具有位于 2940 cm^{-1}、2881 cm^{-1}、1391 cm^{-1} 等处的振动峰,它们是由 CH、CH$_2$ 或 CH$_3$ 的振动引起的[74,112],说明 GPTMS 的有机部分也进入了凝胶的网络中。由于 MTMS、VTES 和 GPTMS 中和硅原子相连的甲基、乙烯基及环氧基团不参与水解缩聚,因此最后凝胶中存在大量的甲基、乙烯基、环氧基团等有机基团。

4.2.2.7 BET 分析

无有机改性的 TEOS 凝胶的比表面积达 662.7 m^2/g,而进行有机改性后,各样品的比表面积均大幅下降,均低于 10 m^2/g,部分样品甚至不能测出其比表面积。图 4-10 为纯 SiO_2 凝胶和 GPTMS 有机改性凝胶的微孔模型图[113,114]。由图 4-10 可见 Ormosil 材料的结构比 SiO_2 凝胶的致密得多。这主要是由于 SiO_2 干凝胶中乙醇和溶剂的挥发,形成多孔、疏松的

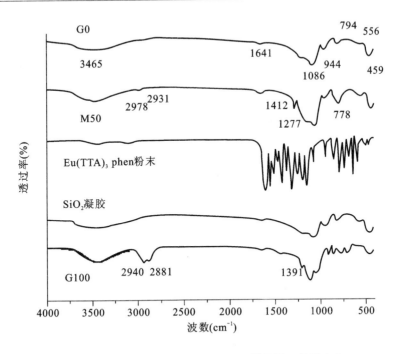

图 4-9　SiO₂ 凝胶玻璃、G0、G100、M50 样品及三元配合物 Eu(TTA)₃phen 粉末的 IR 图谱

结构,而 Ormosil 材料中有机成分接枝于无机网络中,并能填充于孔隙中,因而这种有机改性材料相当致密,且具有一定的机械强度,能在机器上打磨与抛光而不开裂。可以推测,有机改性基团越大,样品的孔隙率越小[73,115]。Nogami 等[116]对掺杂在无机凝胶中的 Eu³⁺ 离子的发光做了详细的研究,发现对无机凝胶进一步的热处理,随着凝胶样品逐步向玻璃化结构转变,Eu³⁺ 离子的配位结构紧密化后,其发光强度大幅度提高。而在 Ormosil 中,由于大量有机成分的加入,玻璃形成温度降低,在较低温度下形成致密结构,从而引起荧光强度的大幅度提高。

　　GPTMS 的引入对凝胶的水解和缩聚过程有重要影响,从而最终会使凝胶的微观结构产生变化。有机基团和无机基团是通过 Si—O—C 键进行连接的,并且有机链可看作 SiO₂ 网络的延续,因此使凝胶具有较小的孔尺寸、孔体积和较小的比表面积,使凝胶结构致密且具有较好的机械性能和弹性。图 4-11 为有机改性示意图[117]。

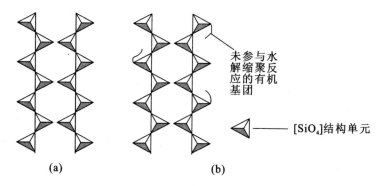

图 4-10 纯 SiO₂ 凝胶和 GPTMS 有机改性凝胶的微孔模型图

（a）纯 SiO₂ 凝胶；（b）GPTMS 有机改性凝胶

$$R\!-\!Si(OR')_3 + Si(OR'')_4 \xrightarrow[\text{ROH}]{H_2O}$$

$$R = CH_3, C_6H_5,$$

$$CH_2CH_2CH_2SH,$$

$$CH_3CH_2CH_2NH_2$$

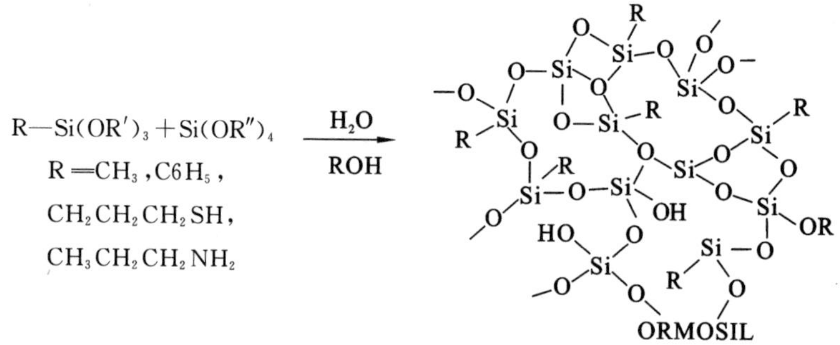

图 4-11 有机改性示意图

4.3 另外四种荧光较强的稀土配合物掺杂凝胶体系有机改性剂的选择

另外四种荧光较强的稀土配合物掺杂凝胶体系为 Eu-BTA-phen、Tb-HBA-phen、Tb-BTA-phen 和 Tb-acac-phen 体系。通过与 Eu-TTA-phen 掺杂体系相同的制备工艺和研究方法，比较各种有机改性剂的作用。

通过样品的外观形貌，可以看出各有机改性剂增强样品机械性能的顺序为：GPTMS＞MTMS 和 VTES＞TEOS，相比于未有机改性的 TEOS 凝胶，有机改性后各样品即使有碎裂也是比较大的碎块，部分含 GPTMS 量较多的样品可得到整块的样品。

对各样品在不同的温度进行热处理后再测试其荧光性能可以发现，

对样品进行 GPTMS 有机改性,能显著提高样品在室温时的荧光强度,但随着热处理温度升高到 100 ℃/24 h,各 GPTMS 有机改性样品的荧光强度迅速降低,以后随着热处理温度继续升高,样品的荧光强度继续降低,而且样品的颜色也逐渐变深,由浅褐色变为近黑色,可见热处理温度对这四种掺杂体系 GPTMS 有机改性样品性能的影响与前述的 Eu-TTA-phen 体系的相同。但是每一种掺杂体系中使凝胶具有最强稀土离子荧光的最佳的 GPTMS 含量却不同。图 4-12 为不同 GPTMS 含量样品经室温充分陈化后其最强荧光发射峰强度的变化图(对于含 Eu 体系,其最强荧光发射峰为 609 nm;对于含 Tb 体系,其最强荧光发射峰为 541 nm)。

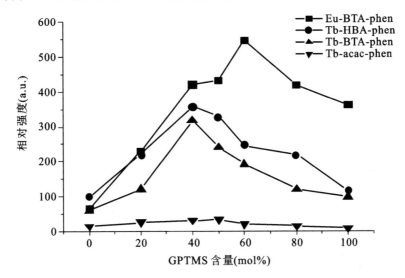

**图 4-12 不同 GPTMS 含量样品经室温充分陈化后其最强荧光
发射峰强度的变化图**

由图 4-12 可知,对于 GPTMS 有机改性,使荧光最强的 GPTMS 含量与凝胶中掺杂的稀土有机配合物的种类有关。对于 Eu-BTA-phen 体系,当 GPTMS 含量为 60％时,样品的荧光强度最高;当 GPTMS 含量继续增加时,其荧光强度反而降低,甚至只能观察到凝胶玻璃自身的发光峰而没有稀土离子的特征荧光峰。对于 Tb-BTA-phen 体系,当 GPTMS 含量为 40％时,样品的荧光强度最高。对于 Tb-acac-phen 体系,当 GPTMS 含量为 50％时,样品的荧光强度最高。对于这三种稀土配合物掺杂体系,在室温时的荧光最强,随着热处理温度的升高,凝胶的荧光减弱。对于 Tb-HBA-phen 体系,当 GPTMS 含量为 40% 时,样品的荧光最强,且当对样品进行 100 ℃/24 h 热处理后,样品的荧光强度提高较多。这与其他体系 GPTMS 有机改性的结果相反,产生这一现象的原因可能是 Tb-HBA-phen 配合物可在凝胶玻璃中原位合成,随着热处理温度的升高,配合物才大量原位合成。

从图 4-12 中归纳出了不同稀土配合物掺杂体系中使荧光最强的 GPTMS 的最佳含量,列于表 4-4 中。

表 4-4　不同稀土配合物掺杂体系中使荧光最强的 GPTMS 的最佳含量

稀土配合物体系	Eu-BTA-phen	Tb-HBA-phen	Tb-BTA-phen	Tb-acac-phen
GPTMS 的最佳含量(%)	60	40	40	50

对于 MTMS 和 VTES 有机改性样品,当有机改性剂含量不超过 50% 时,随着有机改性剂含量的增加,样品的荧光强度提高。图 4-13 为含 Eu-BTA-phen 配合物的不同有机改性剂改性样品经不同温度热处理后其最强荧光发射峰强度的变化图。其中 GPTMS 的含量为 60%,MTMS 和 VTES 的含量都是 50%,三种有机改性剂的含量都是在本体系中使配合物荧光最强的含量。由图 4-13 可见,对于 MTMS 和 VTES 有机改性各样品,在室温时的荧光强度与未有机改性的 TEOS 凝胶样品的相似,具有较弱的 Eu 或 Tb 离子的荧光峰甚至没有出现 Eu 或 Tb 离子的荧光峰,但随着热处理温度升高到 100 ℃/24 h,稀土离子的特征荧光强度提高。随着热处理温度继续升高,各样品的荧光强度开始缓慢下降,到 140 ℃/24 h 热处理后,各样品的荧光强度已经很低了。实验表明,MTMS 和 VTES 有机改性剂的最佳含量为 50%,可使样品具有较好的机械和荧光性能,但 MTMS 较 VTES 对增强荧光的作用要强。因此各有机改性凝胶样品的热稳定性顺序为:TEOS>MTMS 和 VTES>GPTMS。而它们增强凝胶样品荧光性能的顺序为:GPTMS>MTMS>VTES>TEOS。

综合考虑以上各种因素,GPTMS 比 VTES 及 MTMS 的有机改性效果更好,可使凝胶样品具有更优异的性能,因此在 Eu-BTA-phen、Tb-HBA-phen、Tb-BTA-phen、Tb-acac-phen 这四种掺杂体系中选择 GPTMS 作为有机改性剂较为适宜。

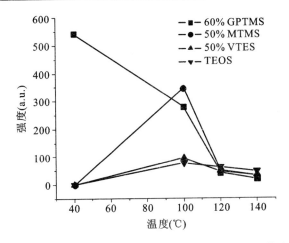

图 4-13 含 Eu-BTA-phen 配合物的不同有机改性剂改性样品的荧光强度变化图

4.4 荧光较弱的 Eu-HBA-phen 掺杂体系有机改性剂的选择

由第 2 章分析可知,Eu-HBA-phen 掺杂体系在 TEOS 基质中的荧光较弱,本部分将讨论它在有机改性体系中的各种性能。样品的制备方法同前。各样品的外观形貌同前,且 MTMS 和 VTES 的最大引入量也不能超过 50%,否则凝胶会失透;GPTMS 有机改性对样品的荧光均没有起增强作用,以 50%GPTMS 有机改性为例,与 50%MTMS 和 50%VTES 有机改性样品的性能进行对比。图 4-14 为 Eu＋HBA＋phen 在不同 Ormosil 中的发射光谱(均经 100 ℃/24 h 热处理)。

由图 4-14 可以看出,609 nm 左右是 Eu^{3+} 特征荧光最强发射峰,对应于 $^5D_0 \sim {}^7F_2$ 跃迁的特征发射,另外还可以观察到位于 590 nm 的发射峰,它对应于 $^5D_0 \sim {}^7F_1$ 跃迁的特征发射。不同的热处理温度也会对样品的荧光强度有影响。将不同有机改性样品在不同温度下热处理 24 h 后,在相同的测试条件下测量其荧光光谱,其 609 nm 处荧光峰的强度变化见图 4-15。由图 4-15 可见,加入 MTMS 后,凝胶玻璃的荧光性能及热稳定性均大幅提高,而 VTES 对荧光强度及热稳定性提高作用不大;加入 GPTMS 后反而观察不到稀土离子的特征荧光峰。

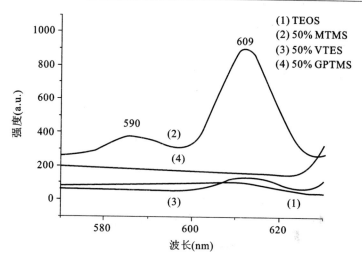

图 4-14　Eu＋HBA＋phen 在不同 Ormosil 中的发射光谱（100 ℃/24 h）

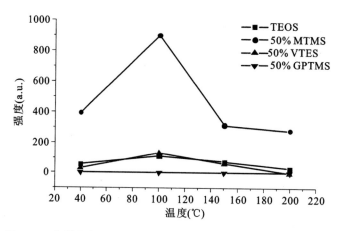

图 4-15　各样品在不同温度热处理后其 609nm 处荧光峰的强度值

4.5　最佳稀土有机配合物的掺入量

通过综合比较不同稀土配合物掺杂体系在不同凝胶基质中的荧光性能、热稳定性能及机械性能，来选取各种性能都较好的配方，并确定其最佳稀土配合物的掺入量。对含 Eu 体系，选择荧光最强的 Eu-TTA-phen 掺杂体系,且 GPTMS 与 TEOS 的物质的量比为 1：1 的配方。按 Eu：TTA：phen 的物质的量比为 1：3：1 的比例,向凝胶中掺入不同含量的铕离子、有机配体及协同体。表 4-5 为制备的各样品含 Eu 离子的含量及成分。

表 4-5　含 Eu 有机改性凝胶的名称及成分

样品名称	E1	E2	E3	E4	E5	E6	E7	E8
Eu^{3+} 含量(%)	0.01	0.02	0.035	0.105	0.21	0.35	0.42	0.7
样品形貌	淡黄透明	淡黄透明	淡黄透明	黄色,有些乳浊	黄褐色,乳浊	黄褐,底部有少许沉淀	深褐色,乳浊	深褐色,失透

由表 4-5 可见,当 Eu^{3+} 含量大于 0.105%(E4)时,样品易产生乳浊失透。对各透明样品在不同温度热处理后测量其荧光光谱发现,各样品均在室温产生强烈的荧光,但随着热处理温度的升高,其荧光强度均快速下降。图 4-16 为 E1 至 E6 样品在室温的荧光光谱图。由图可见,随着 Eu 含量的增加,样品的荧光强度先是提高,在 0.105% 的浓度处(E4)达到最高;随后样品的荧光强度随着 Eu 含量的增加而下降,出现了浓度猝灭现象。由于 E4 样品有些乳浊,而 E3 样品透明性好,且其荧光强度只是稍微低于 E4,仍很高,因此 E3 的成分,即 Eu 含量为 0.035%,应该是一个较理想的情况。

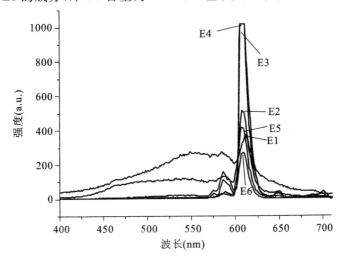

图 4-16　E1 至 E6 样品在室温时的荧光光谱图

对于掺 Tb 凝胶,选择荧光最强的 Tb-HBA-phen 掺杂体系,且 GPTMS 与 TEOS 的物质的量比为 1:1。按 Tb:HBA:phen 的物质的量比为 1:3:1 的比例,向凝胶中掺入不同含量的铽离子、有机配体及协同体。表 4-6 为制备的各样品含 Tb 离子的名义浓度。

表 4-6　含 Tb 有机改性凝胶的名称及成分

样品名称	T1	T2	T3	T4	T5	T6	T7	T8
Tb^{3+} 含量(%)	0.035	0.0105	0.0175	0.21	0.28	0.35	0.42	0.7
样品形貌	淡黄透明	淡黄透明	淡黄透明	黄色透明	黄褐透明	黄褐较透明	深褐色,底部有一层沉淀	深褐色,失透

由表 4-6 可见,当 Tb 离子含量大于 0.35%(T6)时,样品易产生乳浊失透。对各样品在不同温度热处理后测量其荧光光谱。图 4-17 为 T1 至 T8 样品在室温的荧光光谱。由图 4-17 可见,随着 Tb 离子含量的增加,各样品从在室温下观测不到 Tb 离子的荧光峰逐渐到产生 4 个 Tb 离子的荧光峰,且峰的强度逐渐提高;当 Tb 含量达到 0.35% 和 0.42% 时(T6 和 T7),产生最强的荧光;当 Tb 的含量继续增大时,样品的荧光又减弱,说明产生了浓度猝灭。各样品随着热处理温度的升高,其荧光强度均快速下降。由于 T7 样品底部有沉淀,而 T6 样品透明性好,且其荧光强度也很强,因此 T6 的成分(即 Tb 含量)为 0.35%,应该是一个较理想的情况。

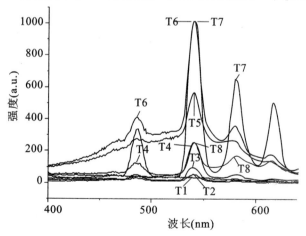

图 4-17　T1 至 T8 样品在室温时的荧光光谱

　　将无有机改性样品与有机改性样品达到荧光强度极大值所需的稀土三元配合物的浓度(表 2-4,表 4-5 和表 4-6)进行比较,可以看出,无有机改性样品所需稀土三元配合物的浓度高,而在有机改性样品中,较小的浓度即可。这同样也可以根据基质结构的差异来解释,即有机改性样品基质结构致密,在制备过程中稀土三元配合物的损失较少,有效浓度大,达到稀土离子荧光强度极大值所需要的浓度小。从荧光性质也可以看出,有机改性的凝胶材料对稀土离子的发光更有利[81]。

4.6　热处理温度对凝胶体系结构及性能的影响

　　热处理温度对凝胶中原位合成稀土三元配合物的光谱性质有影响。随掺杂体系和凝胶基质的不同,各样品达到其荧光最大值所需的温度也不完全相同。这是因为在形成凝胶的过程中,一方面当温度较低时,凝胶中含有大量的 HCl、乙醇、水和残余有机物等,pH 值较低,在这种情况下,稀土有机配合物的形成效率不高,而且含水量较大也抑制了稀土离子的荧光发射。随着热处理温度的升高,样品中 HCl、水等的挥发量逐渐增多,样品的 pH 值逐渐升高使得稀土有机配合物逐渐形成。另外,样品中物理吸附水也逐渐脱去,使得基质中—OH 含量减少,这样由—OH 振动而消耗的无辐射跃迁能量也减少了,使得发光强度得到提高。另一方面,当温度升高后,稀土有机配合物还有个分解的过程,温度越高,分解越快。这两个过程同时进行,在温度较低时,合成反应起主导作用,因此随着温度的逐渐升高,原位配合物的荧光强度逐渐提高,到达一定温度时,配合物的合成量达到最大值,而分解却不大,所以在此温度原位合成配合物的荧光强度最大。当超过这个温度后,凝胶中的配合物分解加速,且凝胶基质也开始有碳化,所以荧光强度下降很快。

4.7　各有机改性剂的作用机理的探讨

　　实验表明,以 HCl 为催化剂,在 pH 值为 3 左右的 MTMS 和 VTES 先驱液中加入适量水,混合液迅速放热,显示了比 TEOS 更为激烈的水解反应[118-121]。因此,和 TEOS 相比,MTMS 和 VTES 的水解反应速度加快,而缩聚反应速度慢,两者的不匹配,使 MTMS 和 VTES 易产生失透。它们的引入量越多失透的倾向越显著。因此在本实验中其最大引入量都不能超过 50%。在无机网络中引入最简单的有机基团—CH$_3$ 和—C$_2$H$_3$ 可以提高有机基团在凝胶玻璃中的热稳定性,给凝胶玻璃的热处理提供可能。同时憎水基团—CH$_3$ 和—C$_2$H$_3$ 的存在还可降低毛细管压力,减小凝胶网络的内应力,因此可改善凝胶玻璃的力学性能[102,122]。在本实验中,MTMS 和 VTES 对改善凝胶的荧光性能、热稳定性能和机械性能都有一定的作用。

GPTMS 能参与水解-缩聚反应,并通过脱水反应与无机网络化学键合。它本身带有一个很长的有机基团降低了 TEOS 的水解,同时有机基团对凝胶的微孔有一定的填充功能,从而使得复合凝胶的结构致密,凝胶比表面积显著减小。与高 TEOS 含量凝胶玻璃先成胶再收缩干燥的过程不同,高 GPTMS 含量(≥50%)的 Ormosil 凝胶玻璃在成胶前首先进行的是溶胶的体积收缩,并伴随着黏度不断增大,当收缩至原体积的 1/3 时才开始凝胶化,并且在凝胶化以后的干燥过程中不易开裂、体积收缩较小(小于 1/10)。同时,在干燥收缩过程中该凝胶玻璃与普通熔制玻璃模具的接触面也不会剥离,收缩仅发生在与空气的界面上[111]。但 GPTMS 的有机基团较复杂,振动吸收强而降低透光性,同时大量残余的有机基团也会使稀土配合物的荧光猝灭。

本实验中 GPTMS 改性样品具有较好的柔韧性和较差的热稳定性能。GPTMS 对凝胶进行有机改性并使荧光增强的作用有两个方面,一方面,有机基团填充于凝胶的微孔中,使凝胶结构致密,从而使凝胶的荧光增强。另一方面,又由于 GPTMS 的有机基团过于复杂,它的振动会使凝胶中原位合成配合物的荧光猝灭。最终,GPTMS 对体系荧光的作用,一方面取决于稀土配合物原位合成程度的难易以及稀土配合物本身荧光的强弱;另一方面还取决于 GPTMS 的两种相反作用中,哪一种起主要作用。对于 Eu-TTA-phen 体系,由于它本身荧光较强,且易于在凝胶中原位合成,因此 GPTMS 对其荧光增强起主导作用,因此样品的荧光强度随着 GPTMS 含量的增加而提高;对于 Eu-HBA-phen 体系,由于 Eu-HBA-phen 三元配合物难以在凝胶基质中原位合成,同时其本身荧光较弱,因此 GPTMS 对其荧光起猝灭作用;对于其他四种荧光较强的体系,GPTMS 的最佳含量为 40%~60%。

4.8　小　　结

(1) 对于 MTMS 和 VTES,由于引入了憎水的有机基团,凝胶的荧光性能有一定程度的提高,但其引入量不能超过 50%,否则凝胶易失透。MTMS 和 VTES 有机改性对凝胶的机械性能也能在一定程度上提高,而凝胶的热稳定性略有降低;MTES 和 VTES 的最佳引入量均为 50%。

(2) GPTMS 能使凝胶的柔韧性大幅提高,但由于 GPTMS 复杂的有机基团的双重作用,对于不同的稀土配合物掺杂体系,它对荧光性能的作用不同:随着 GPTMS 含量的增加,荧光较强的 Eu(TTA)$_3$phen 凝胶体系的荧光大幅提高,但对荧光较弱的 Eu(HBA)$_3$phen 凝胶体系,GPTMS 对其荧光起猝灭作用;而对于其他稀土配合物掺杂体系,合适含量的 GPTMS(一般为 40%~60%)会使体系荧光增强。GPTMS 有机改性对凝胶中稀土有机配合物的荧光性能的影响,不仅与稀土配合物本身原位合成的难易程度及自身荧光的强弱有关,还与 GPTMS 有机基团一方面使凝胶结构致密而增强荧光,另一方面复杂有机基团的振动会猝灭荧光的综合作用有关,因此对于不同的稀土有机配合物掺杂体系,GPTMS 使荧光增强的最佳含量也不同。GPTMS 有机改性能大幅度提高凝胶的机械性能,但会使凝胶的热稳定性下降较多。

(3) 通过综合比较不同稀土配合物掺杂体系在不同凝胶基质中的荧光性能、热稳定性能及机械性能,来选取各种性能都较好的配方:对于铕离子掺杂凝胶玻璃,具有较好机械性能、热稳定性能及较强荧光的配方为 50%GPTMS-50%TEOS(Eu-TTA-phen),其中 Eu 离子的名义浓度为 0.035%;而对于铽离子掺杂凝胶玻璃,具有较好机械性能、热稳定性能及较强荧光的配方为 50%GPTMS-50%TEOS(Tb-HBA-phen),其中 Tb 离子的名义浓度为 0.35%。

5 含铕及铽体系凝胶玻璃的优化

第 2 章实验结果表明在 TEOS 凝胶中引入适量的 Al_2O_3，可以使体系的荧光增强，同时第 4 章的实验结果显示对于铕离子掺杂凝胶玻璃，具有较好机械性能、热稳定性能及较强荧光的配方为 50％GPTMS-50％TEOS(Eu-TTA-phen)，其中 Eu 离子的名义浓度为 0.035％；而对于铽离子掺杂凝胶玻璃，具有较好机械性能、热稳定性能及较强荧光的配方为 50％GPTMS-50％TEOS(Tb-HBA-phen)，其中 Tb 离子的名义浓度为 0.35％。因此本章将探讨在这两个有机改性体系中加入无机成分 Al_2O_3 后，凝胶玻璃结构及性能的变化。

5.1 样品的制备

表 5-1 和表 5-2 为含铕及铽系列掺 Al_2O_3 样品的含量和编号。样品的制备过程与第 2 章在 TEOS 凝胶中掺入 Al_2O_3 的方法大致相同，只是凝胶的先驱液除 TEOS 外还要加入 GPTMS。所有样品经在 40 ℃烘箱中充分陈化干燥后，均为透明整块而且没有裂纹，说明 GPTMS 能起有效的有机改性作用。

表 5-1　含铕系列掺 Al_2O_3 样品的含量和编号

Al_2O_3 含量(mol％)	0	0.5	1	2	3	4	5	6
样品编号	EA0	EA0.5	EA1	EA2	EA3	EA4	EA5	EA6

注：Al_2O_3 含量为 Al_2O_3 相对于(SiO_2＋GPTMS)的物质的量百分数。

表 5-2　含铽系列掺 Al_2O_3 样品的含量和编号

Al_2O_3 含量(mol％)	0	0.5	1	2	3	4	5	6
样品编号	TA0	TA0.5	TA1	TA2	TA3	TA4	TA5	TA6

注：Al_2O_3 含量为 Al_2O_3 相对于(SiO_2＋GPTMS)的物质的量百分数。

5.2　荧光光谱分析

在相同的测试条件下,对各样品磨成的粉末进行激发光谱和发射光谱的测试,比较相同热处理后各样品的荧光光谱。对含铕系列样品,先以 611 nm 作为监测波长,测试各样品的激发光谱,从激发光谱中找出使 611 nm 荧光最强的激发波长,然后以该波长作为激发光,测试各样品的发射光谱。由于各样品间存在一些差异,其相应的最佳激发波长也不完全相同。本书中各样品的最佳激发波长从略。对含铽样品其荧光光谱的测试方法与含铕样品荧光光谱的测试方法相似,即先以 541 nm 作为监测波长,测试各样品的激发光谱,从激发光谱中找出使 541 nm 荧光最强的激发波长,然后以该波长作为激发光,测试各样品的发射光谱。

分析比较不同热处理后各样品的发射光谱,发现各样品的图谱形状大致相似,只是各发射峰的强度有区别,这是因为它们均为稀土离子的特征荧光峰。

图 5-1 为含铕系列不同 Al_2O_3 掺量的凝胶玻璃在室温的发射光谱。从图 5-1 中可看到,对于未掺 Al_2O_3 的样品 EA0,不仅产生的铕的特征荧光峰的数目最多(3 个),峰形最尖锐,而且其 611 nm 处 Eu^{3+} 的特征荧光最强发射峰(对应于 $^5D_0 \sim {}^7F_2$ 跃迁的特征发射)的强度为最大。图 5-2 为含 Tb 系列不同 Al_2O_3 掺量的凝胶玻璃在室温的发射光谱。从图 5-2 中可看到,对于未掺 Al_2O_3 的样品 TA0,产生的 4 个铽的特征荧光峰的强度最强,且峰形最尖锐。而对于掺 Al_2O_3 的样品,其室温的荧光光谱就显得很弱,或没有稀土离子的特征荧光峰,或产生的荧光峰数目少,强度低。由于 Al_2O_3 的掺入会提高凝胶的玻璃化温度,而 GPTMS 有机改性却可以降低凝胶的玻璃化温度,两者之间存在的温度不匹配可能是掺 Al_2O_3 后,凝胶样品的荧光性能减弱的原因。

图 5-3 和图 5-4 为不同 Al_2O_3 掺量的凝胶玻璃在 100 ℃保温 24 h 后的发射光谱。由图 5-3 和图 5-4 可见,对于未掺 Al_2O_3 的样品 EA0 和 TA0,其荧光峰数目减少且其对应稀土离子的特征荧光最强发射峰(Eu^{3+} 的对应于 $^5D_0 \sim {}^7F_2$ 跃迁的特征发射 611 nm, Tb^{3+} 的对应于 $^5D_4 \sim {}^7F_5$ 跃迁的特征发射 541 nm)的强度大幅降低,说明 EA0 和 TA0 样品随着热处理温度的升高,凝胶中的稀土有机配合物逐渐氧化分解,其荧光性能减弱。而对于掺 Al_2O_3 后的样品,它在 100 ℃保温 24 h 后的荧光均比它们相应的在室温下的荧光强。

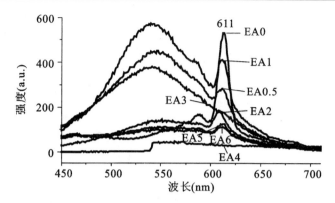

图 5-1　含 Eu 系列不同 Al₂O₃ 掺量的凝胶玻璃在室温的发射光谱

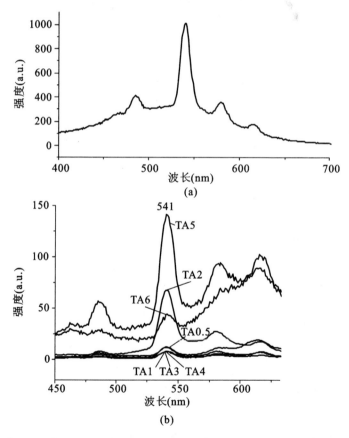

(a)

(b)

图 5-2　含 Tb 系列不同 Al₂O₃ 掺量的凝胶玻璃在室温时的发射光谱

(a)TA0 样品；(b)掺 Al₂O₃ 的样品

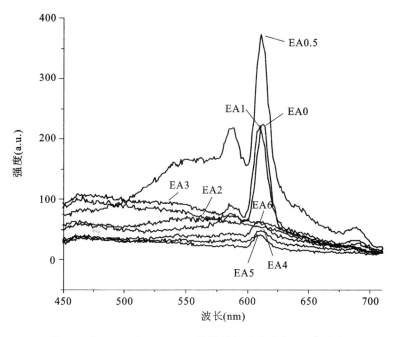

图 5-3 含 Eu 系列不同 Al₂O₃ 掺量的凝胶玻璃在 100 ℃保温
24 h 后的发射光谱

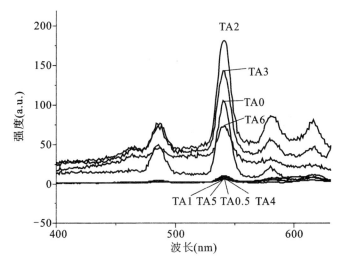

图 5-4 含 Tb 系列不同 Al₂O₃ 掺量的凝胶玻璃在 100 ℃保温
24 h 后的发射光谱

Al₂O₃含量的不同对稀土离子特征荧光峰的强度产生了很大的影响。图 5-5 和图 5-6 是以 Al₂O₃相对于（GPTMS＋SiO₂）物质的量百分含量为横坐标，相应的 611 nm 和 541 nm 峰强度值为纵坐标作的强度对比图（各样品均经 100 ℃保温 24 h），从图 5-5 和图 5-6 中我们可直观地看到对于含 Eu 样品，Al₂O₃含量为 0.5 mol％时，611 nm 峰的强度为最高；对于含 Tb 样品，Al₂O₃的含量为 2 mol％时，541 nm 峰的强度为最高。

由于各掺入 Al₂O₃样品在室温的荧光都很弱，有的甚至没有稀土离子的特征荧光，因此不再比较它们在室温时的荧光，只是将 EA0 和 TA0 样品在室温时最强荧光峰强度也表示于图 5-5 和图 5-6 中。由图 5-5 和图 5-6 可见，对于含 Eu 样品中，EA0 在室温时的荧光是最强的，但是当温度升高后，EA0.5 的荧光将超过 EA0 在 100 ℃时的荧光而达到最强；对于含 Tb 样品，TA0 在室温时的荧光是最强的，但是当温度升高后，TA2 和 TA4 的荧光将超过 TA0 在 100 ℃时的荧光，其中 TA2 的强度达到最高。所以当适量的 Al₂O₃掺入凝胶玻璃中，可以增强凝胶样品在较高温度的荧光性能，并使凝胶的热稳定性提高。因此在制备及使用含稀土离子的凝胶玻璃时，可根据实际需要选取合适的配方。若仅需样品在室温条件下具有较强的荧光及较好的机械性能，可以选取 EA0 和 TA0 配方。若需使样品在较高温度下具有较强的荧光及较好的机械性能，可以选取 EA0.5 和 TA2 配方。随着热处理温度的继续升高，各样品的荧光性能逐步减弱。

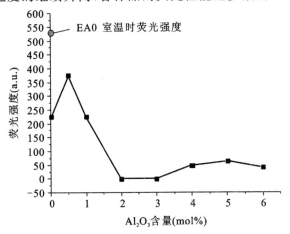

图 5-5　含 Eu 系列不同 Al₂O₃掺量的凝胶玻璃在 100 ℃保温 24 h 后其 611 nm 处荧光峰强度对比图

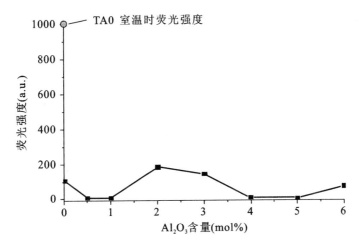

图 5-6　含 Tb 系列不同 Al₂O₃ 掺量的凝胶玻璃在 100 ℃ 保温 24 h 后
其 541 nm 处荧光峰强度对比图

5.3　凝胶结构分析

图 5-7 和图 5-8 分别为 TA2 凝胶样品的 XRD 图和 SEM 图。由图 5-7 可见,在 23°左右有一个宽峰,表明样品为非晶态。由图 5-8 可见,样品为多孔非晶态结构。其他样品与 TA2 样品具有相似的结构与形貌。

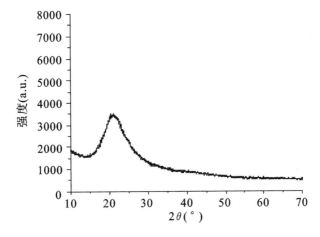

图 5-7　TA2 凝胶样品的 XRD 图

图 5-8　TA2 凝胶样品的 SEM 图

图 5-9 为 EA0、EA0.5、EA1、EA3、EA6 样品的 IR 光谱对比图。由图 5-9 可见,各样品的图谱与 EA0 图谱没有明显的区别,其中 1086 cm^{-1} 左右处的强吸收峰来自于 Si—O—Si 键的非对称伸缩振动,794 cm^{-1} 和 459 cm^{-1} 附近的吸收峰来自于 Si—O—Si 键的弯曲振动,556 cm^{-1} 左右的弱吸收峰或肩峰为结构缺陷引起的,944 cm^{-1} 左右处的吸收峰对应于 Si—OH 键的非对称伸缩振动,3465 cm^{-1} 附近的宽吸收峰来自于—OH 的特征振动,1641 cm^{-1} 附近的吸收峰则来自于吸附水,另外,位于 2940 cm^{-1}、2881 cm^{-1}、1391 cm^{-1} 等处的振动峰是由 CH、CH$_2$ 或 CH$_3$ 的振动引起的[74,112],说明 GPTMS 的有机部分也进入了凝胶的网络中。而三元配合物 Eu(TTA)$_3$phen 的特征吸收峰在原位合成的凝胶玻璃中并没有出现。采用 Ormosil-Al$_2$O$_3$ 基质代替 Ormosil 基质主要是利用 Al$_2$O$_3$ 来包裹并分散 Ormosil 网络中的稀土离子,形成笼效应,减少 RE^{3+} 及其配合物在较高温度下产生氧化分解,从而使凝胶玻璃具有较好的热稳定性,并提高荧光强度[57]。当 Al$_2$O$_3$ 的掺杂量继续增加时,RE(Ⅲ) 的发光强度有所下降,可见 Al$_2$O$_3$ 的掺杂量有一个最佳值,大于此值后,再添加 Al$_2$O$_3$ 对 RE 的发光强度影响不大。

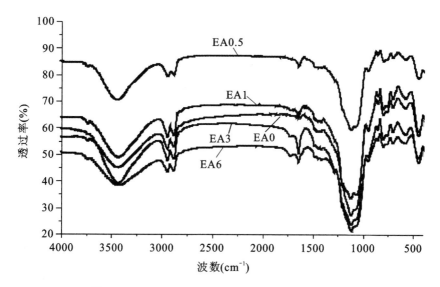

图 5-9　EA0、EA0.5、EA1、EA3、EA6 样品的 IR 光谱

5.4　小　　结

（1）未掺 Al_2O_3 的样品在室温时可产生很强的荧光，但随着热处理温度的升高，其荧光急剧减弱，说明其热稳定性较差。当掺入 Al_2O_3 后，样品在室温时的荧光均不强，但随着热处理温度升高到 100 ℃，样品的荧光强度逐渐升高，并且在相同的温度下具有比未掺 Al_2O_3 样品强的荧光性能。Al^{3+} 对 RE^{3+} 发射峰的位置没有明显的影响，但它能使 RE 离子及原位合成的配合物在较高温度保持相对稳定，提高凝胶玻璃的热稳定性和荧光强度。对于含铕体系，适宜的 Al_2O_3 的含量为 0.5 mol％；对于含铽体系，适宜的 Al_2O_3 的含量为 2 mol％。

（2）在制备和使用含稀土离子的凝胶玻璃时，要根据实际需要来选取适宜的配方。若只要求样品在常温下具有较好的机械性能及荧光性能，则基质材料选取有机改性成分 50％GPTMS-50％SiO_2 凝胶玻璃为宜；若需样品在较高温度具有较好的荧光和机械性能，则需在基质中掺入适量的 Al_2O_3。

6　结　　论

本书选取了两种荧光较强的稀土元素铕和铽，以 SiO$_2$ 凝胶玻璃为基质，在溶胶-凝胶工艺基础上，采用原位合成方法，制备了一系列稀土有机配合物掺杂的凝胶玻璃。研究了不同掺杂稀土配合物、无机基质组分、各种有机改性剂及热处理温度对凝胶玻璃结构及性能的影响，得到了以下结论：

（1）在 SiO$_2$ 凝胶玻璃中，与 Eu^{3+} 的 ^{5}D$_0$ 能级较匹配并使其荧光增强的有机配体为 TTA 和 BTA，HBA 也对荧光增强有一定的作用；DBM 和 acac 与铕体系产生的荧光弱；与 Tb^{3+} 的 ^{5}D$_4$ 能级较匹配并使其荧光增强的有机配体为 HBA、BTA 和 acac，DBM 和 TTA 与铽体系产生的荧光弱。

（2）phen 能使铕和铽两种稀土离子的荧光性能都大幅提高，是一种有效的协同体。TPPO 和 dipy 增强这两个体系荧光的作用没有 phen 强，在含铽的稀土配合物掺杂体系中，TPPO 甚至使体系荧光减弱，因此不宜作为含铽体系的敏化剂。

（3）在凝胶玻璃基质中掺入适量的 Al$_2$O$_3$，能使稀土有机配合物在玻璃中的荧光强度提高，从而使凝胶的荧光性能得到一定程度的改善；而当凝胶基质中掺入 B$_2$O$_3$ 时，随着 B$_2$O$_3$ 含量的增多，凝胶中稀土离子的荧光反而减弱。

（4）有机改性剂的引入能使凝胶玻璃结构致密，并提高其机械性能，但同时凝胶的耐热性降低。通过综合比较不同稀土配合物掺杂体系在不同凝胶基质中的荧光性能、热稳定性能及机械性能，来选取各种性能都较好的配方：对于铕离子掺杂凝胶玻璃，具有较好机械性能、热稳定性能及较强荧光的配方为 50％GPTMS-50％TEOS（Eu-TTA-phen），其中 Eu 离子的名义浓度为 0.035％；而对于铽离子掺杂凝胶玻璃，具有较好性能的配方为 50％GPTMS-50％TEOS（Tb-HBA-phen），其中 Tb 离子的名义浓度为 0.35%。

（5）以上经优化的有机改性的样品中若不再掺入 Al_2O_3，样品在室温时可产生很强的荧光，但随着热处理温度的升高，其荧光强度急剧降低，说明其热稳定性较差。当样品中掺入适量的 Al_2O_3 后，样品在室温时的荧光均不高，但随着热处理温度的升高，样品的荧光强度逐渐升高。对于含铕体系，适宜的 Al_2O_3 的含量为 0.5 mol%；对于含铽体系，适宜的 Al_2O_3 的含量为 2 mol%。Al^{3+} 的引入提高了凝胶玻璃的热稳定性和荧光强度。

（6）在制备和使用含稀土离子凝胶玻璃时，要根据实际需要来选取适宜的配方。若只要求样品在常温下具有较好的机械性能及荧光性能，则基质材料选取有机改性成分 50%GPTMS-50%SiO_2 凝胶玻璃为宜；若需样品在较高温度具有较好的荧光和机械性能，则需在基质中掺入适量的 Al_2O_3。

通过系统分析以上各种影响因素，在稀土配合物掺杂凝胶玻璃实用化的过程中，可根据实际需求适当优化各工艺参数，为制备具有一定的机械强度、热稳定性和荧光性能的凝胶玻璃提供一定的依据。

参 考 文 献

[1] BALAKRISHNAN S, GUN'KO, YURII K, et al. Porous silicon—Rare earth doped xerogel and glass composites[J]. Physica Status Solidi (A) Applied Research,2005,202(8): 1693-1697.

[2] DIEKE G H. Spectra and energy levels of rare earth ions(CROSSWHITE H M and CROSSWHITE H Eds.) [M]. Newyork: John Wiley & Sons,1968.

[3] 张若华. 稀土元素化学[M]. 天津:天津科学技术出版社,1987.

[4] 刘妍,王怀善,李明,等. 稀土(铕、铽)三元配合物的合成、表征与发光性能[J]. 功能材料,2002,34(2):210-211.

[5] MALASHKEVICH G E,SHEVCHENKO G P,BOKSHITS Y V,et al. Eu^{3+}-based optical centers with a high efficiency of the $^5D_0$-$^7F_4$ transition in alumina gel films[J]. Optics and Spectroscopy,2005,98(2): 190-194.

[6] CERVANTES M,CLARK A, TERPUGOV V, et al. Spectroscopic properties of rare-earth complexes of tetraphenylporphyrin introduced into a silicate sol-gel matrix[J]. Journal of Optical Technology,2002,69(1): 61-63.

[7] WU R,ZHAO H,SU Q,et al. Photoacoustic and fluorescence studies of silica gels doped with rare earth salicylic acid complexes[J]. Journal of Non-Crystalline Solids,2000,278(1-3): 223-227.

[8] MENG Q,ZHANG H,WANG S,et al. Preparation and characterization of luminescent thin films doped with rare earth (Tb^{3+}, Eu^{3+}) complexes derived from a sol-gel process[J]. Materials Letters, 2000, 45(3): 213-216.

[9] ZHANG H,FU L,WANG S,et al. Luminescence characteristics of

europium and terbium complexes with 1,10-phenanthroline in-situ synthesized in a silica matrix by a two-step sol-gel process[J]. Materials Letters,1999,38(4):260-264.

[10] WANG M,QIAN G,LU S,et al. Intermolecular energy transfer from coumarin-120 to rare earth ions（Eu^{3+},Tb^{3+}）in silica xerogels[J]. Materials Science & Engineering B:Solid-State Materials for Advanced Technology,1998,B55(1-2):119-122.

[11] 杨燕生,安保礼,龚孟濂,等.稀土有机螯合物发光研究进展[J].中国稀土学报,2001,19(4):298-302.

[12] 闫爱华,刘德文.稀土有机配合物发光的研究及应用[J].北京轻工业学院学报,1997,15(4):24-29.

[13] WEISSMAN I. Intramolecular energy transfer the fluorescence of complexes of europium[J]. Journal of Chemical Physics,1942,10(4):214-217.

[14] DA R,SORAYA M,DA S,et al. Synthesis and characterization of lanthanum acetate for application as a catalyst[J]. Journal of Alloys and Compounds,2002,344(1-2):389-393.

[15] YU M,LIN J. Sol-gel derived silicate oxyapatite phosphor films doped with rare earth ions[J]. Journal of Alloys and Compounds,2002,344(1-2):212-216.

[16] KIM A,QUOC M,THU H,et al. Nanomaterials containing rare-earth ions Tb,Eu,Er and Yb:Preparation,optical properties and application potential[J]. Journal of Luminescence,2003,102-103(SPEC):391-394.

[17] MIGNOTTE C. Structural characterization for Er^{3+}-doped oxide materials potentially useful as optical devices[J]. Applied Surface Science,2004,226(4):355-370.

[18] GUO H,ZHANG W,LOU L,et al. Structure and optical properties of rare earth doped Y_2O_3 waveguide films derived by sol-gel process[J]. Thin Solid Films,2004,458(1-2):274-280.

[19] GUO H,YANG X,XIAO T,et al. Structure and optical properties of

sol-gel derived Gd_2O_3 waveguide films[J]. Applied Surface Science,2004, 230(1-4): 215-221.

[20] LALIOTIS A,YEATMAN E,AHMAD M,et al. Molecular homogeneity in erbium-doped sol-gel waveguide amplifiers[J]. Journal of Quantum Electronics,2004,40(6):805-814.

[21] SAKKA S. Current status of the preparation of optical solids by sol-gel method//MACKENZIE J D eds. Proc,SPIE 1758,Sol-Gel Optics,San Diego,California,20-22 July 1992,Bellingham,Washington ：The Inter. Soc. Opt. Eng. [C],1992.

[22] SCHMIDT H, SEIFERLING B, PHILIPP G, et al. Ultrastructure processing of advanced ceramics[M]. London:John Wiley & Sons,1988.

[23] MATTEWS I R,KNOBBE E T. Luminescence behavior of europium complexes in sol-gel derived host materials[J]. Chem. Mater. ,1993 (5):1697.

[24] REIFELD R. The state of art of solid state tunable lasers in the visible[J]. Opt. Mater. ,1994(4):1.

[25] MORITA M,RAU D,KAJIYAMA S,et al. Luminescence properties of nanophosphors: Metal ion-doped sol-gel silica glasses [J]. Materials Science,2004,22(1) :5-15.

[26] 曹秀华,梁忠友.溶胶-凝胶法制备有机-无机复合功能玻璃研究进展 [J].玻璃与搪瓷,2000,28(5):51-54.

[27] GAISHUN V E,SEMCHENKO A V,MELNICHENKO I M,et al. Sol-gel method preparation silica gel-glasses,doped trivalent rare-earth ions for fiber optics applications[C]. Proceedings of SPIE-The International Society for Optical Engineering,2000,4239:11-14.

[28] GANGULI D. Sol-gel glasses: some recent trends[J]. Bulletin of Materials Science,1995,18(1):47-52.

[29] 叶辉,姜中宏.溶胶-凝胶法在激光及非线性光功能材料上的应用[J] 材料研究学报,1995,9(4):321-327.

[30] 雷宁,叶辉,姜中宏,等.有机染料掺杂玻璃的制备及荧光性能[J].发 光学报,1996,17(2):156-163.

[31] 刘冰,强亮生.溶胶-凝胶法制备光学杂化功能材料[J].化学进展,2005,17(1):86-90.

[32] 何韫,朱文祥.稀土三元配合物及其发光性质[J].北京师范大学学报:自然科学版,1999,35(4):483-487.

[33] 杨红.稀土三元和掺杂荧光配合物的合成和性质研究[D].上海:上海师范大学,2003.

[34] NEWPORT A,GIBBONS C,SILVER J,et al. Synthesis of luminescent sol-gel materials for active electronic devices [J]. IEE Proceedings:Circuits,Devices and Systems,1998,145(5): 364-368.

[35] QIAN G D,WANG Z Y,WANG M Q,et al. Photophysical properties and microstructural probe of photoactive organics in hybrid organic-inorganic optical solids [J]. Proceedings of SPIE-The International Society for Optical Engineering,2002,5061: 186-192.

[36] 钱国栋,王民权,林久令,等.SiO$_2$凝胶玻璃中有机光学活性物质的荧光特性和热稳定性[J].硅酸盐通报,1999(1):19-21.

[37] 王智宇,樊先平,钱国栋,等.罗丹明 6G 在 TEOS-GPTMS 系统凝胶玻璃中的光谱特性与稳定性能[J].材料研究学报,2000,14(1):66-71.

[38] 钱国栋,王智宇,王民权,等.有机染料在 SiO$_2$凝胶玻璃基质中的荧光谱线位移机制[J].浙江大学学报:工学版,2000,34(2):206-210.

[39] 钱国栋,王民权.SiO$_2$凝胶玻璃中有机发光物质的浓度猝灭机制[J].功能材料,1998,29(3):307-309.

[40] 钱国栋,王民权,汪茫,等.芘单体荧光研究 SiO$_2$凝胶形成及其微结构[J].材料研究学报,1998,12(1):102-104.

[41] ORIGNAC X,BARBIER D,DU X,et al. Fabrication and characterization of sol-gel planar waveguides doped with rare-earth ions[J]. Applied Physics Letters,1996,69(7): 895-897.

[42] ISHIZAKA T,KUROKAWA Y. Optical properties of rare-earth ion (Gd^{3+},Ho^{3+},Pr^{3+},Sm^{3+},Dy^{3+} and Tm^{3+})-doped alumina films prepared by the sol-gel method[J].Journal of Luminescence,2000,92(1-2): 57-63.

[43] REISFELD R,ZELNE M,PATRA A. Fluorescence study of zirconia films doped by Eu^{3+}, Tb^{3+} and Sm^{3+} and their comparison with silica films [J]. Journal of Alloys and Compounds, 2000, 300 ： 147-151.

[44] ISHIZAKA T,NOZAKI R,KUROKAWA Y. Luminescence properties of Tb^{3+} and Eu^{3+}-doped alumina films prepared by sol-gel method under various conditions and sensitized luminescence[J]. Journal of Physics and Chemistry of Solids,2002,63(4):613-617.

[45] LANGLET M,COUTIER C,MEFFRE W,et al. Microstructural and spectroscopic study of sol-gel derived Nd-doped silica glasses [J]. Journal of Luminescence,2002,96(2-4):295-309.

[46] TONOOKA K, SHIMOKAWA K, NISHIMURA O. Fluorescent properties of Tb-doped borosilicate glass films prepared by a sol-gel method[J]. Proceedings of SPIE—The International Society for Optical Engineering,2001,4282: 193-199.

[47] TONOOKA K,SHIMOKAWA K,NISHIMURA O. Preparation and luminescent properties of sol-gel derived SiO_2-B_2O_3:Tb glass films[J]. Solid State Ionics,2002,51 (1-4): 105-110.

[48] VEDDA A,CHIODINI N,DI M D,et al. Luminescence properties of rare-earth ions in SiO_2 glasses prepared by the sol-gel method[J]. Journal of Non-Crystalline Solids,2004,345-346: 338-342.

[49] MONTEIL A,CHAUSSEDENT S,ALOMBERT-GOGET G,et al. Clustering of rare earth in glasses, aluminum effect：Experiments and modeling [J]. Journal of Non-Crystalline Solids, 2004, 348: 44-50.

[50] 张步新,赵伟明,朱文清,等. SiO_2 气凝胶薄膜中 Eu^{3+} 离子的跃迁 [J].无机材料学报,2000,15(4):728-732.

[51] 王喜贵,吴红英,谢大弢,等.溶胶-凝胶法制备掺 Eu^{3+} 的 SiO_2 玻璃的结构及发光性能[J].中国稀土学报,2001,19(3):205-208.

[52] QIAN G,WANG M,WANG M,et al. Structural evolution and fluorescence properties of Tb^{3+}-doped silica xerogels in the gel to

glass conversion[J]. Journal of Luminescence,1997,75:63-69.

[53] 张希艳,曹志峰,熊启龙,等. 溶胶-凝胶法制备掺 Er^{3+} 玻璃及其光谱性质[J]. 光学技术,1998(2):13-14.

[54] PATRA A, KUNDU D, GANGULI D, et al. A study of the structural evolution of the sol-gel derived Sm^{3+}-doped silica glass [J]. Materials Letters,1997,32:43-47.

[55] 钱国栋,王民权,汪茫,等. Eu^{3+} 离子荧光研究 SiO_2 凝胶玻璃化过程微结构的变化[J]. 硅酸盐学报,1997,25(5):561-566.

[56] BISWAS A,CHARKRABATTI S,ACHARYA H N,et al. Preparation and characterization of monolithic Pr-doped silica glasses by a sol-gel method[J]. Materials Science and Engineering,1997,B49:191-196.

[57] 徐振华. 溶胶-凝胶法制备光功能材料研究[D]. 长春:长春理工大学,2003.

[58] MAGYAR A P,SILVERSMITH A J,BREWER K S,et al. Fluorescence enhancement by chelation of Eu^{3+} and Tb^{3+} ions in sol-gels[J]. Journal of Luminescence,2004,108(1-4):49-53.

[59] LIU F, FU L, WANG J, et al. Luminescent thin film of doped terbium complex obtained by sol-gel method[J]. Journal of Rare Earths,2003,21(3):322-323.

[60] ZHAN H,WANG M,CHEN W. In situ synthesis of metallophthalocyanines in inorganic matrix[J]. Materials Letters,2002,55(1-2):97-103.

[61] 钱国栋,王民权. 若干无机/有机复合光功能材料及相关器件研究进展[J]. 硅酸盐学报,2001,29(6):596-601.

[62] MARYANNE M C. Recent trends in analytical applications of organically modified silicate materials[J]. Trends in Analytical Chemistry,2002,21 (1):30-38.

[63] CORDONCILLO E, ESCRIBANO P, GUAITA F J, et al. Optical properties of lanthanide doped hybrid organic-inorganic materials [J]. Journal of Sol-Gel Science and Technology, 2002, 24 (2): 155-165.

[64] CHUAI X H,ZHANG H,LI F,et al. Luminescence properties of Eu

(phen)$_2$Cl$_3$ doped in sol-gel-derived SiO$_2$-PEG matrix[J]. Materials Letters,2000,46(4):244-247.

[65] JI X,LI B,JIANG S,et al. Luminescent properties of organic-inorganic hybrid monoliths containing rare-earth complexes[J]. Journal of Non-Crystalline Solids,2000,275(1):52-58.

[66] COSTA V C,VASCONCELOS W L,BRAY K L,et al. Preparation and optical characterization of organoeuropium-doped silica gels[J]. Journal of Sol-Gel Science and Technology,1998,13(1-3):605-609.

[67] STONE B T,COSTA V C,KEVIN L. Inorganic and organically modified rare-earth-doped silica gels[J]. AIChE Journal,1997,43 (11A):2785-2792.

[68] ZHANG H,Li H,MENG Q,et al. Luminescence properties of lanthanide complexes doped in hybrid material from tetraethoxysilane and 3-glycidyioxyropyl-trimethoxysilane[J]. Materials Letters,2002,56(5): 624-627.

[69] TREJO-VALDERZ M,JENOUVRIER P,LANGLET M. Luminescence properties of ormosil films doped with terbium complexes[J]. Journal of Non-Crystalline Solids,2004,345-346:628-633.

[70] 钱进.不同凝胶基质中稀土有机配合物的原位合成与光谱学性能的研究[D]. 杭州:浙江大学,2003.

[71] FU L,MENG Q,ZHANG H,et al. In situ synthesis of terbium-benzoic acid complex in sol-gel derived silica by a two-step sol-gel method[J]. J. Phys. Chem. Solids,2000,61:1877-1881.

[72] MICHAEL S,MICHAEL B. Lanthanide-doped silica layers via the sol-gel process:luminescence and process parameters[J]. Thin Solid Films,2005,474,31-35.

[73] TETSURO J,SATOSHI I,SHUJI T,et al. Luminescence properties of lantanide complexes incorporated into sol-gel derived inorganic-organic composites materials[J]. Journal of Non-Crystalline Solids, 1998,223:123-132.

[74] GUO J,FU L,LI H,et al. Preparation and luminescence properties of

ormosil hybrid materials doped with Tb(Tfacac)$_3$ phen complex via a sol-gel process[J]. Mater. Lett. ,2003,57: 3899-3903.

[75] 赵斯琴,王喜贵. 铕-苯甲酸-1,10-菲咯啉的合成及谱学性质[J]. 稀土,2003,24(8):1-4.

[76] 刘崇波. 吡啶-2,3-二甲酸铕、铽邻菲咯啉配合物的性能表征[C]. 南昌大学化学系稀土会议论文集,2003:431-436.

[77] 钱国栋. 稀土(Eu^{3+}、Tb^{3+})含氮杂环配合物的合成、表征及其荧光性质[J]. 发光学报,1998(1):60-65.

[78] 杨跃涛,苏庆涛,张淑仪. 稀土三元配合物粉末和凝胶共发光效应的光声光谱研究[J]. 化学物理学报,2002,15(2):137-140.

[79] QIAN G,WANG M. Characterization of ternary coordination complex of europium with thenoyltrifluoroacetone and triphenylphosphine oxide in situ synthesized in ormosil[J]. Materials Research Bulletin,2001,36: 2289-2299.

[80] LI H,ZHANG H,LIN J,et al. Preparation and luminescence properties of ormosil material doped with Eu(TTA)$_3$ phen complex[J]. Journal of Non-Crystalline Solids,2000,278:218-222.

[81] 武四新,朱从善. 凝胶基质对有机染料光学性质的影响[J]. 材料研究学报,1999,13(3):298-300.

[82] HAN Y,LIN J. Photoluminescence of SiO$_2$ xerogels[J]. Chinese J. of Luminescence,2002,23(3): 296-300(in Chinese).

[83] STROHHOFER C,FICK J,VASCONCELOS H C,et al. Active optical properties of Er-containing crystallites in sol-gel derived glass films[J]. Journal of Non-Crystalline Solids,1998,226 (1-2): 182-191.

[84] 钱国栋,王民权. SiO$_2$凝胶玻璃中 Eu(Ⅲ)和 Tb(Ⅲ)芳香羧酸配合物原位合成及其荧光性质[J]. 硅酸盐学报,1998,26 (3):331-337.

[85] QIAN G,WANG M,YANG Z,et al. In situ synthesis and photophysical properties of the Eu(TTA)$_3$ dipy complex in vinyltriethoxysilane-derives gel glass[J]. Journal of Physics and Chemistry of Solids,2002,36: 1829-1834.

[86] MALASHKEVICH G E,SHEVCHENKO G P,BOKSHITS Y V,et al. Eu^{3+}-based optical centers with a high efficiency of the $^5D_0$-$^7F_4$ transition in alumina gel films[J]. Optics and Spectroscopy,2005,98 (2):190-194.

[87] PARKER V A. Photoluminescence of solutions[M]. Amsterclam: Elsevier,1968.

[88] SATO S,WADA M. Relations between intramolecular energy transfer efficiencies and triplet state energies in rare earth β-diketone chelates[J]. Bull. Chem. Soc. Jpn. ,1970,43:1955-1959.

[89] NIU X,DU W,DU W. Preparation,characterization and gas-sensing properties of rare earth mixed oxides[J]. Sensors and Actuators,B: Chemical,2004,99(2-3):399-404.

[90] SATO S, WADA M. Relations between intramolecular energy transfer efficiencies and triplet state energies in rare earth β-diketone chelates[J]. Bull. Chem. Soc. Jpn. ,1970,43:1955-1959.

[91] SAYRE E V,FREED S. Spectra and quantum states of the europoc ion in crystals Ⅱ fluorescence and absorption spectra of single crystals of europic ethylsulfate nanohydrate [J]. J. Chem. Phys. , 1956, 24: 1213-1219.

[92] 钱国栋,王民权,吕少哲,等. SiO_2凝胶玻璃中 Eu^{3+}、Tb^{3+} 与 1,10-邻菲啰啉配合物的原位化学合成及其荧光和热学性能[J]. 材料研究学报,1998,12(4):352-356.

[93] 杨跃涛,张淑仪. 稀土——二苯甲酰甲烷、邻菲啰啉固态配合物及其掺杂硅胶共发光效应的光声光谱研究[J]. 高等学校化学学报, 2003,24(4):666-670.

[94] 钱国栋,王民权,吕少哲,等. $Eu(TTA)_3$·$2H_2O$ 的分子内能量转移机制及其中心离子 EU(Ⅲ)的发光动力学研究[J]. 化学物理学报, 1998,11(4):299-302.

[95] 钱国栋,王民权,吕少哲,等. 稀土(Eu^{3+}、Tb^{3+})含氮杂环配合物的合成、表征及其荧光性质[J]. 发光学报,1998,19(1):60-65.

[96] 杨红,王则民,余锡宾,等. 乙酰丙酮铕掺杂配合物的荧光光谱研究

[J]. 上海师范大学学报:自然科学版,2003,32(1):53-56.

[97] 连锡山. 苯甲酸稀土(Eu,La)配合物的红外和荧光光谱研究[J]. 光谱学与光谱分析,1999,19(4):562.

[98] 宋春风,吕孟凯. 铝对过渡金属离子掺杂的二氧化硅溶胶凝胶玻璃发光性质的影响[J]. 光学技术,2003,29(3):273-276.

[99] 刘德文,赵扬宇,吴爱萍. Eu(NA)$_3$phen 的合成及发光性能研究[J]. 北京轻工业学院学报,1998,16(3):13-17.

[100] 西北轻工业学院. 玻璃工艺学[M]. 北京:中国轻工业出版社,1995.

[101] WANG X, WU H, WENG S, et al. Structure and luminescence properties of Eu: SiO_2-B_2O_3 and Eu: SiO_2-B_2O_3-Na_2O[J]. Journal of the Chinese Rare Earth Society,2002,20(Spec. Issue):63-66(in Chinese).

[102] 张勇. 无机基质对有机复合发光材料光谱学性能影响及复合固态染料激光介质的研究[D]. 杭州:浙江大学,1999.

[103] XIAO J, LI H, CHEN J, et al. The structure and properties of Li_2O-Al_2O_3-SiO_2 low expansion glass ceramics containing B_2O_3 [J]. J. of Wuhan Univ. of Tech. - Mat. Sci. Ed. ,1999,14(1):41-45.

[104] 张亚东. SiO_2 凝胶/玻璃微结构形成、表征与控制[D]. 杭州:浙江大学,2002.

[105] 张志坤,崔作林. 纳米技术与纳米材料[M]. 北京:国防工业出版社,2000.

[106] 卢旭晨,李佑楚,韩铠,等. 陶瓷薄膜的 Sol-Gel 法制备[J]. 中国陶瓷,1999,35(1):1-4.

[107] GOTTSCHLING S, RUSSEL C. Pvincenzinied high performance ceramic films and coatings [M]. Amsterdam: Elsevier Science Publisher,1991.

[108] 甘礼华,李光明,岳天仪,等. 超临界干燥法制备 Fe_2O_3-SiO_2 气凝胶的研究[J]. 物理化学学报,1999,15(7):588-592.

[109] HORINOUCHI S, WADA M, ISHIHARA K, et al. Fabrication and characterization of rare-earth metal chelates-doped plastic film and fiber materials: Eu^{3+}-chelates doped PMMA[C]. Proceedings of

SPIE—The International Society for Optical Engineering, 2002, 4905:126-134.

[110] VIANA B,CORDONCILLO E,PHILIPPE C. Purification Lanthanide doped hybrid organic-inorganic nanocomposites [C]. Proceedings of SPIE—The International Society for Optical Engineering,2000,3943: 128-138.

[111] 杨雨. 无机基复合固态可调谐染料激光介质的制备、激光与光谱学性能及激光器件研究[D]. 杭州:浙江大学,2004.

[112] 夏海平,宋宏伟,章践立,等. 含 Eu^{3+} 离子的有机改良硅酸盐材料的合成及光谱性质研究[J]. 中国稀土学报,2002,20(6):552-555.

[113] 贝尔塔 P,贝尔塔 E. 玻璃物理化学导论[M]. 北京:中国建筑工业出版社,1983.

[114] 利鲍 F. 硅酸盐结构化学——结构、成键和分类[M]. 北京:中国建筑工业出版社,1990.

[115] LI X, TERENCE A K. Spectroscopic studies of sol-gel-derived organically modified siliates [J]. Journal of Non-Crystallines Solids,1996,204:235-242.

[116] NOGAMI M, ABE Y. Preparation of sol-gel derive $Al_2O_3 \cdot SiO_2$ glasses using Eu^{3+} ion fluorescence[J]. J. Non-Cryst. Solids,1996 (3):73.

[117] MARYANNE M C. Recent trends in analytical applications of organically modified silicate materials[J]. Trends in Analytical Chemistry,2002,21(1):30-38.

[118] ZHANG Y, WANG M. Mechanical characterization and optical properties analysis of organically modified silicates[J]. J. Non-Crystal Solids,2000,271:88.

[119] RAHN M D,KING T A. Laser based in dye doped sol-gel-derived optical composites glasses[J]. SPIE,1994,2288:382.

[120] LI X,KING T A. Structural modification of sol-gel-derived optical composites[J]. Proc. SPIE,1994,2288:216.

[121] LAM K S,LO D,WONG K H. Sol-gel silica laser tunable in the blue[J]. Appl. Opt. ,1995,34(18):3380.

[122] 杨雨,钱国栋,王民权,等. MTES-TEOS 先驱液水解-缩聚机理及其凝胶玻璃性能研究[J]. 材料科学与工程,2000,18(3):52-56.

附录　书中所用有机物索引

TEOS：正硅酸乙酯

MTMS：甲基三甲氧基硅烷

VTES：乙烯基三乙氧基硅烷

GPTMS：γ-缩水甘油丙基三甲氧基硅烷

HBA：苯甲酸

phen：1,10-菲咯啉

DBM：二苯甲酰基甲烷

TTA：噻吩甲酰三氟丙酮

BTA：苯甲酰三氟丙酮

acac：乙酰丙酮

TPPO：三苯基氧化磷

dipy：2,2′-联吡啶

EtOH：无水乙醇

致　谢

　　本书得到国家自然科学基金(No.50372061)的部分资助,在完成之际,谨向国家自然科学基金委对本书的资助表示衷心的感谢!

　　谨向我的导师欧阳世翕教授和刘韩星教授表示崇高的敬意和衷心的感谢!感谢两位老师在攻读博士期间对我学习上的严格要求和生活上无微不至的关心与照顾。两位老师严谨的科学态度、渊博的学识、认真细致的工作作风和诲人不倦、为人师表的道德品质,深深地感染着我,并将永远鞭策着我将来在事业上的发展。

　　感谢测试中心的秦麟卿老师、牟善彬老师、陈和生老师等在物相测试、显微结构分析和红外分析上的帮助。感谢武汉大学化学系在荧光光谱性能测试上给予的热情帮助。感谢工程中心毛豫兰老师、光纤中心余海湖教授,以及雷利文博士、顾少轩博士、陶海征博士、曹明贺博士对本人工作的支持和帮助!感谢浙江大学钱国栋教授对本书的精心修改以及提出的中肯建议!

　　感谢师兄罗大兵博士、程汉亭博士、王翔博士,师姐郭丽玲博士、郝华博士,师弟邹龙博士、余洪滔博士及众多师弟师妹在工作及实验上的帮助与支持。感谢胡德兼、付桂军、李元、田浩、陈振嘉、曹英萍等各位同学的帮助!

　　特别感谢爱人王伟和我年迈的父母给予我的鼓励和全力支持。正是因为有他们作为强大的后盾,我才能够毫无后顾之忧、一心一意地潜心于学习和研究工作中,书里同样浸透着他们的心血和汗水。感谢我的女儿梦霄,她的诞生给我艰辛的求学生涯平添了许多的乐趣,她可爱的笑容给我的学习和工作注入了无限活力!

　　最后,再次感谢并祝福所有关心和支持我的老师、同学和亲人朋友们!

肖　静
2016 年 10 月